高等院校计算机类课程"十二五"规划教材

U0148791

Visual FoxPro 程序设计

主　编　陈　锐　扶　晓

副主编　刘　劲　吕　杰　谭晓玲

参　编　陈柳巍　张娓娓　王　悦

　　　　苏锡锋　邢　容　白云飞

合肥工业大学出版社
HEFEI UNIVERSITY OF TECHNOLOGY PRESS

内容提要

本书是根据教育部关于计算机基础教育的指导性意见,并依据全国计算机等级考试二级(Visual FoxPro)考试大纲要求,结合目前我国高等院校计算机课程开设的实际情况,融会作者多年从事计算机教学的实际经验编写而成。

本书以 Visual FoxPro 6.0 为软件平台,全面介绍了数据库系统的概念、使用、管理和开发等内容。具体内容包括数据库系统的基本概念、Visual FoxPro 语言基础、数据库与表、查询和视图、程序设计基础、面向对象程序设计与表单设计、菜单设计、报表与标签设计、数据库应用程序的开发、Visual FoxPro 与其他应用程序的数据共享等。本书配有丰富的例题、习题以及必要的附录,完全可以满足学校教学和读者开发应用程序的需要。

本书内容新颖、组织合理、实例丰富、讲解通俗易懂,突出系统性和实践性,可以作为高等学校 Visual FoxPro 程序课程的教材,也可作为参加计算机等级考试人员的参考用书,还可供计算机爱好者和各种培训班使用。

图书在版编目(CIP)数据

Visual FoxPro 程序设计/陈锐,扶晓主编 . —合肥:合肥工业大学出版社,2012.10
ISBN 978 - 7 - 5650 - 0952 - 5

Ⅰ.①V… Ⅱ.①陈…②扶… Ⅲ.①关系数据库系统—数据库管理系统—程序设计—教材 Ⅳ.①TP311.138

中国版本图书馆 CIP 数据核字(2012)第 244546 号

Visual FoxPro 程序设计

陈 锐 扶 晓 主编		责任编辑 汤礼广 石金桃	
出 版	合肥工业大学出版社	版 次	2012 年 10 月第 1 版
地 址	合肥市屯溪路 193 号	印 次	2012 年 10 月第 1 次印刷
邮 编	230009	开 本	787 毫米×1092 毫米 1/16
电 话	理工编辑部:0551 - 2903087	印 张	17.5
	市场营销部:0551 - 2903163	字 数	413 千字
网 址	www. hfutpress. com. cn	印 刷	合肥学苑印务有限公司
E-mail	hfutpress@163.com	发 行	全国新华书店

ISBN 978 - 7 - 5650 - 0952 - 5 定价: 35.00 元

前言

数据处理和信息管理是计算机最广泛的应用领域,而数据库技术则是当今在该领域中采用的主要技术手段。Visual FoxPro 是由 Microsoft 公司推出的优秀小型数据库管理系统,它具有功能较强、操作方便、简单实用和用户界面友好等特性。在高校计算机基础课中,Visual FoxPro 程序设计是首选的程序语言类课程之一,也是全国计算机等级考试二级考试的主要考试科目之一。

为帮助读者学好 Visual FoxPro 语言,能够熟练运用 Visual FoxPro 语言编程,我们特编写本书。

本书以 Visual FoxPro 6.0 为背景,淡化版本意识,重点介绍数据库系统的基本概念、基本原理,讲解 Visual FoxPro 的基本操作及其功能和应用。

本书作者多年来一直从事 Visual FoxPro 程序设计的教学与研究工作,具有较为丰富的科研实践经验与程序开发能力,对程序设计有深入的研究,本书正是作者多年来丰富的教学和实践经验的结晶。

本书的特点

1. 理论严谨,知识完整

本书对基本理论进行了全面、准确地论析,可让读者形成完备的知识体系。本书在组织上紧扣计算机程序设计课程的本科教学大纲,同时参考《全国计算机等级考试二级大纲》的有关要求,从数据库基本概念、原理出发,介绍了数据库对象的基本操作、数据表的建立与编辑及使用、程序设计基础、面向对象程序设计以及数据库应用程序的开发等内容,做到了结构合理,脉络清楚。

2. 入门快速,易教易学

本书具有"上手快、易教学"的特点。在组织内容时,本书采用任务来驱动,用一个案例贯穿全书,以教与学的实际需要取材谋篇。各章在阐述基本概念和要点的同时,均通过相应的范例来进一步说明问题,以加深读者的理解。各章后均附有一定数量的习题,便于读者复习。

3. 学以致用,注重能力

本书将实际开发经验融入基本理论之中,力求使读者在掌握基本理论的同时,获得实际开发的基本思想和方法,并得到一定程度的项目开发实训,以培养学生独立开发较为复杂的系统的能力。

4. 深入浅出,循序渐进

本书对内容和示例的安排尽量做到难点分散、前后连贯;论述时循序渐进,力求层次安排清晰、步骤介绍详细,便于学生理解和实现。

本书的内容

第 1 章：主要介绍了数据库和数据库管理系统的基本概念，并对 Visual FoxPro 系统进行了简单介绍。

第 2 章：主要介绍了 Visual FoxPro 各种数据类型、Visual FoxPro 常用命令以及常见函数的基础知识。

第 3 章：主要介绍了数据库和数据表的基本操作，包括数据库和数据表的建立、维护与使用，数据记录的输入与修改、统计与汇总、排序与索引，以及记录的查询和多表操作等。

第 4 章：主要介绍了数据库标准语言 SQL，以及查询设计器和视图设计器的使用。

第 5 章：主要介绍了传统的面向过程的程序设计方法，在阐述顺序、选择、循环 3 种基本程序结构及相应流程控制语句的同时，介绍了模块化程序设计思想。

第 6 章：主要介绍了面向对象程序设计的概念及方法，着重介绍表设计器的使用和基本表单控件。

第 7 章：主要介绍了菜单设计器的使用、下拉式菜单以及快捷菜单的建立方法。

第 8 章：主要介绍了报表和标签的建立以及报表的设计方法。

第 9 章：主要介绍了应用程序的开发和发布过程。

第 10 章：主要介绍了不同应用程序间数据的导入、导出和共享。

本书由陈锐（高级程序员）、扶晓（空军航空大学）主编，刘劲（空军航空大学）、吕杰（焦作市教育局）、谭晓玲（重庆三峡学院）担任副主编，陈柳巍、张娓娓、王悦、苏锡锋、邢容、白云飞参编。全书由陈锐负责统稿。

由于作者水平有限，书中难免存在一些不足之处，恳请读者批评指正。

在使用本书的过程中，若有疑惑，或想索取本书的例题代码，请从 http://blog.csdn.net/crcr 或 http://www.hfutpress.com.cn 下载，或通过电子邮件 nwuchenrui@126.com 进行联系。

作　者

目 录

第1章
数据库系统概述

随着计算机技术的发展,计算机的主要应用已从传统的科学计算转变为事务数据处理。在事务处理过程中,并不需要复杂的科学计算,而是需要进行大量数据的存储、查找、统计等工作,如教学管理、人事管理、财务管理等。这需要对大量数据进行管理,数据库技术是目前最先进的数据管理技术。

1.1 信息、数据和数据处理

数据库技术离不开信息、数据和数据处理,在此,首先介绍信息、数据、数据处理的概念和数据库的发展历程等知识,为后续学习奠定基础。

1.1.1 信息与数据

信息泛指通过各种方式传播的、可被感受的声音、文字、图像、符号等所表征的某一特定事物的消息、情报或知识。换句话说,信息是对客观事物的反映,是为某一特定目的而提供的决策依据。在现实世界中,人们经常接触各种各样的信息,并根据这些信息制定决策。例如,在商店购买某种商品时,首先要了解该商品的价格、款式或花色,根据这些信息决定是否购买;再如,可以根据电视节目预告来决定是否收看等等。

数据是指表达信息的某种物理符号。对数据库技术来讲,数据是指能被计算机存储和处理的、反映客观事物的物理符号序列。数据反映信息,而信息依靠数据来表达。表达信息的符号不仅可以是数字、字母、文字和其他特殊字符组成的文本形式的数据,还可以是图形、图像、动画、影像、声音等多媒体数据。在计算机中,主要使用磁盘、光盘等外部存储器来存储数据,通过计算机软件和应用程序来管理及处理数据。

1.1.2 数据处理

数据处理是指从已知数据出发,参照相关数据进行加工计算,从中产生出一些新的数据,这些新的数据又表示了新的信息,可以用来作为某种决策的依据。例如,建筑工程预算,需要通过施工图中的数据,参照建材价格表的有关数据,计算出工程费用,这个费用就是信息,是通过数据处理后得到的。信息是一项非常重要的资源,需要认真的研究。

数据处理的特点是计算比较简单,但是涉及的数据量非常大,各种数据之间往往存在着复杂的联系,因此数据处理的核心是数据管理。

数据管理是对数据的收集、整理、组织、存储、分类、查询、维护和传送等各种操作的统称,是数据处理工作中的基本环节。因此,如何对数据进行有效的管理就显得尤为突出,数据管理技术正是在这一背景下应运而生。

1.1.3 数据管理技术的发展

随着计算机硬件、软件技术的不断发展、数据管理技术经历了人工管理、文件系统和数据库系统 3 个阶段。

1. 人工管理阶段

20 世纪 50 年代中期以前,计算机主要用于科学计算。当时的计算机硬件状况:外存储器只有磁带、卡片、纸带,没有磁盘等可以直接存取的外部存储设备;软件状况:没有操作系统和数据管理软件。

人工管理阶段的数据处理有如下特点:

(1)数据不持久保存。因为计算机主要应用于科学计算,只是在计算某一具体实例时将应用程序和数据一起输入,无论是应用程序还是数据,任务完成后就从内存中释放。

(2)无专门软件对数据进行统一管理。数据的管理由应用程序对其进行管理,应用程序不仅要规定数据的逻辑结构,而且还要设计数据的物理结构,包括存储结构、存取方法、输入/输出方式等。

(3)数据不共享。一组数据对应一个程序,数据是面向应用的,即使两个应用程序涉及某些相同的数据,也必须各自定义,无法互相利用,互相参照,所以程序与程序之间有大量的冗余数据。

(4)数据和应用程序不具有独立性。由于数据要由应用程序进行管理,数据与应用程序密切相关,当数据的逻辑结构或物理结构改变时,程序中存取数据的子程序必须做相应的改变。

2. 文件系统阶段

20 世纪 50 年代后期到 60 年代中期,随着计算机硬件和软件的发展,计算机不仅用于科学计算,还大量用于管理。这时计算机的硬件方面已经有了磁盘、磁鼓等直接存取的存储设备。在软件方面,操作系统中已经有了专门的数据管理软件,一般称为文件系统。处理方式上不仅有了文件批处理而且能够联机实时处理。

文件系统阶段管理数据有如下优点:

(1)数据可以持久保存。由于计算机大量用于数据处理,数据需要长期存储在外存上,以供应用程序反复调用。

(2)由文件系统管理数据。由于有软件进行数据管理,程序和数据之间由软件提供存取方法进行转换,有共同的数据查询与修改的管理模块,文件的逻辑结构与存储结构由系统进行转换,使程序与数据有了一定的独立性。

文件系统阶段管理数据有如下缺点：

(1)数据共享性差，数据冗余度大。文件系统中文件基本上对应于某个应用程序，也就是说，数据还是面向应用的。当不同的应用程序所需要的数据有部分不同时，也必须建立各自的文件，而不能共享相同的数据，因此，数据冗余度大，浪费存储空间。同时，由于相同数据的重复存储和各自管理，给数据的修改和维护带来了困难，容易造成数据的不一致。

(2)数据独立性差。文件系统中文件是为某一特定应用服务的。文件的逻辑结构对该应用程序来说是优化的，因此，要想再增加一些新的应用是很困难的，系统不容易扩充。一旦数据结构的逻辑结构改变，必须修改应用程序，修改文件结构的定义；而应用程序的改变(如应用程序所使用的高级语言的变化等)，也将影响文件的数据结构的改变，数据和程序缺乏独立性。

文件系统存在的问题阻碍了数据处理技术的发展，不能满足日益增长的用户需求，这正是数据库技术产生的原动力，也是数据库产生的背景。

3. 数据库系统阶段

从 20 世纪 60 年代后期开始，计算机管理的数据量急剧增长，并且对数据共享的需求日益增强，文件系统的数据管理方法已无法适应开发应用系统的需求。为了实现计算机对数据的统一管理，达到数据共享的目的，数据库技术应运而生。

数据库技术的主要目的是有效地管理和存取大量的数据资源，包括提高数据的共享性，使多个用户能够同时访问数据库中的数据；降低数据的冗余度，以提高数据的一致性和完整性；提供数据与应用程序的独立性，从而减少应用程序的开发和维护代价。

1.1.4 数据库技术的发展

数据库技术已经成为先进信息技术的重要组成部分，是现代计算机信息系统和计算机应用系统的基础和核心。数据库技术根据数据模型的发展，可以划分为 3 个阶段：第一代的网状和层次数据库系统；第二代的关系数据库系统；第三代的以面向对象模型为主要特征的数据库系统。

第一代数据库的代表是 1969 年 IBM 公司研制的层次模型的数据库管理系统 IMS 和 20 世纪 70 年代美国数据库系统语言协商 CODASYL 下属数据库任务组 DBTG 提议的网状模型。层次模型对应的是定向有序树，网状模型对应的是有向图，这两种数据库奠定了现代数据库发展的基础。它们具有如下共同点：(1)支持三级模式(外模式、模式和内模式)，保证数据库系统具有数据与程序的物理独立性和一定的逻辑独立性；(2)用存取路径来表示数据之间的联系；(3)有独立的数据定义语言；(4)导航式的数据操作语言。

第二代数据库的主要特征是支持关系数据模型(数据结构、关系操作、数据完整性)。关系模型具有以下特点：(1)关系模型的概念单一，实体和实体之间的联系用关系来表示；(2)以关系数学为基础；(3)数据的物理存储和存取路径对用户不透明；(4)关系数据库语言是非过程化的。

第三代数据库产生于 20 世纪 80 年代，随着科学技术的不断进步，各个行业领域对数据库技术提出了更多的需求,关系型数据库已经不能完全满足需求,于是产生了第三代数据库。它主要有以下特点:(1)支持数据管理、对象管理和知识管理;(2)保持和继承了第二代数据库系统的技术;(3)对其他系统开放,支持数据库语言标准,支持标准网络协议,有良好的可移植性、可连接性、可扩展性和互操作性等。第三代数据库支持多种数据模型(如关系模型和面向对象的模型等),并和诸多新技术相结合(如分布处理技术、并行计算技术、人工智能技术、多媒体技术和模糊技术等),广泛应用于多个领域(如商业管理、GIS 和计划统计等),由此也衍生出多种新的数据库技术。

1.1.5　数据库新技术

由于各种学科与数据库技术的有机结合,使数据库领域中新内容、新应用、新技术层出不穷,形成了各种新型的数据库系统:面向对象数据库系统、分布式数据库系统、知识数据库系统、模糊数据库系统、并行数据库系统、多媒体数据库系统等。它们都继承了传统数据库的理论和技术,但已经不是传统意义上的数据库。因其立足于传统数据库已有的成果和技术,并加以发展进化,从而形成新的数据库系统,故称之为"进化"了的数据库系统;因其立足于新的应用需求和计算机未来的发展,研究出了全新的数据库系统,故称之为"革新"了的数据库系统。可以说新一代数据库技术的研究呈现出百花齐放的局面。

1. 面向对象数据库系统

面向对象的方法和技术对数据库的发展影响最为深远,它起源于程序设计语言,把面向对象的相关概念与程序设计技术相结合,是一种认识事物和世界的方法论,它以客观世界中一种稳定的客观存在实体对象为基本元素,并以"类"和"继承"来表达事物间具有的共性和它们之间存在的内在关系。面向对象数据库系统将数据作为能自动重新获得和共享的对象存储,包含在对象中的数据完成每一项数据库事务处理指令,这些对象可能包含不同类型的数据,既包括传统的数据和处理过程,也包括声音、图形和视频信号,对象可以共享和重复使用。面向对象的数据库系统的这些特性通过重复使用和建立新的多媒体应用能力使软件开发变得容易,这些应用可以将不同类型的数据结合起来。面向对象数据库系统的好处是它支持 WWW 应用能力。

然而,面向对象的数据库系统是一项相对较新的技术,尚缺乏理论支持,它可能在处理大量事务的数据方面比关系数据库系统慢得多,但人们已经开发了混合关系对象数据库,这种数据库系统将关系数据库管理系统处理事务的能力与面向对象数据库系统处理复杂关系以及新型数据的能力结合起来。

2. 分布式数据库系统

分布式数据库系统是分布式技术与数据库技术的结合,在数据库研究领域中已有多年的历史并出现过一批支持分布数据管理的系统,如 SDDI 系统、DINGRES 系统和POREL 系统等。从概念上讲,分布式数据库是物理上分散在计算机网络各结点上,而逻辑上属于同一个系统的数据集合。它具有数据的分布性和数据库间的协调性两大特点。系统强调结点的自治性而不强调系统的集中控制,且系统应保持数据的分布透明性,使应用程序编写时可完全不考虑数据的分布情况。分布式数据库无疑是计算机应用的发展方向,也是数据库技术应用的实际需求,其技术基础除计算机硬、软件技术支持外,计算机通信与网络技术也是其最重要的基础。但分布式系统结构、分布式数据库由于其实现技术上的问题,当前并没有完全达到预期的目标,而客户/服务器(Client/Server,C/S)体系结构却正在风行。广义上的理解:C/S 也是一种分布式结构,按照 C/S 结构,一个数据处理任务至少需分布在两个不同的部件上才能完成。C/S 结构把任务分为两部分,一部分是由前端计算机(即 Client,客户机)运行应用程序,提供用户接口;而另一部分是由后台计算机(即 Server,服务器)提供特定服务,包括数据库或文件服务、通信服务等。客户机通过远程调用或直接请求应用程序提供服务,服务器执行所要求的功能后,将结果返回客户机,客户机和服务器通过网络来实现协同工作。C/S 结构具有性能优越、易于扩展和保证数据完整性等优点。当前,C/S 技术日臻完善,客户机与服务器允许有多种选择,这样计算机系统就可以实现横向集成,将来自不同厂家的、不同领域内的最好的产品集成在一起,组成一个性能价格比最优的系统。当前已有多种数据库产品支持 C/S 结构,Sybase 是其中较典型的代表。

3. 多媒体数据库系统

多媒体数据库系统是多媒体技术与数据库技术的结合,它是当前最有吸引力的一种技术,其主要特征如下:

(1)多媒体数据库系统能表示和处理各种媒体数据。多媒体数据在计算机内的表示方法取决于各种媒体数据所固有的特性和关联。对常规的格式化数据使用常规的数据项表示,对非格式化数据(如图形、图像、声音等),就要根据该媒体的特点来决定表示方法。可见,在多媒体数据库中,数据在计算机内的表示方法比传统数据库的表示形式复杂,对非格式化的媒体数据往往要用不同的形式来表示,所以多媒体数据库系统要提供管理这些异构表示形式的技术和处理方法。

(2)多媒体数据库系统能反映和管理各种媒体数据的特性,以及各种媒体数据之间时间上或空间上的关联。在客观世界里,各种媒体信息有其本身的特性或各种媒体信息之间存在一定的自然关联。例如,关于乐器的多媒体数据包括乐器特性的描述、乐器的照片、利用该乐器演奏某段音乐的声音等。这些不同媒体数据之间存在自然的关联,包括时序关系(如多媒体对象在表达时必须保证时间上的同步特性)和空间结构(如必须把相关媒体的信息集成在一个合理布局的表达空间内)。

(3)多媒体数据库系统提供比传统数据库管理系统更强的适合非格式化数据查询的搜索功能,允许对图像等非格式化数据做整体和部分搜索;允许通过范围、知识和其他描述符的确定值和模糊值搜索各种媒体数据;允许同时搜索多个数据库中的数据,允许通过对非格式化数据的分析建立图示等索引来搜索数据;允许通过举例查询和主题描述查询使复杂查询简单化。

(4)多媒体数据库系统提供事务处理与版本管理功能。

4. 知识数据库系统

知识数据库系统的功能是把由大量的事实、规则、概念等组成的知识存储起来,进行管理,并向用户提供方便快速的检索、查询手段。因此,知识数据库可定义为知识、经验、规则和事实的集合。知识数据库系统应具备对知识的表示方法、知识系统化的组织管理、知识库的操作、库的查询与检索、知识的获取与学习、知识的编辑、库的管理等功能。知识数据库是人工智能技术与数据库技术的结合。

5. 并行数据库系统

并行数据库系统是并行技术与数据库技术的结合。它发挥多处理机结构的优势,将数据库在多个磁盘上分布存储;利用多个处理机对磁盘数据进行并行处理,从而解决了磁盘"I/O"瓶颈问题;通过采用先进的并行查询技术,开发查询间并行、查询内并行以及操作内并行,大大提高了查询效率。它的目标是提供一个高性能、高可用性、高扩展性的数据库管理系统,并且在性价比方面,较相应大型机上的 DBMS 要高得多。并行数据库系统作为一个新兴的方向,需要深入研究的问题还很多。但可以预见,并行数据库系统由于可以充分地利用并行计算机强大的处理能力,必将成为并行计算机最重要的支撑软件之一。

6. 模糊数据库系统

模糊性是客观世界的一个重要属性,传统的数据库系统描述和处理的是精确的或确定的客观事物,但不能描述和处理模糊性及不完全性等概念,这是一个很大的不足。为此,对模糊数据库理论及其技术实现进行研究,目标是为了能够存储以各种形式表示的模糊数据。数据结构和数据联系、数据上的运算和操作、对数据的约束(包括完整性和安全性)、用户使用的数据库窗口、用户视图、数据的一致性和无冗余性的定义等都是模糊的,而精确数据可以看成是模糊数据的特例。模糊数据库系统是模糊技术与数据库技术的结合。由于其在理论和技术实现上的困难,模糊数据库技术近年来发展得不是很理想,但它在模式识别、过程控制、案情侦破、医疗诊断、工程设计、营养咨询、公共服务以及专家系统等领域得到较好的应用,显示出其广阔的应用前景。

当前数据库技术的发展呈现出与多种学科知识相结合的趋势,它们一旦结合就可能产生一种新的数据库。例如,数据仓库是信息领域近年来迅速发展起来的数据库技术,数据仓库的建立使我们能充分利用已有的资源,把数据转换为信息,从中挖掘出知识,提炼出智慧,最终创造出效益;工程数据库系统的功能是用于存储、管理和使用面向工程设计所需要的工程数据;统计数据是来自于国民经济、军事、科学等各种应用领域的一类重要的信息资源,由于对统计数据操作的特殊要求,从而产生了统计学和数据库技术相结合的统计数据库系统等。数据库技术在特定领域的应用,为数据库技术的发展提供了源源不断的动力。

1.2 数据库系统的组成

1.2.1 数据库系统的组成

数据库系统实际是基于数据库的计算机应用系统,主要包括数据库、数据库管理系统、相关软硬件环境和数据库用户。其中,数据库管理系统是数据库系统的核心。

1. 数据库

数据库(Data Base,DB)是指相互关联的数据的集合。数据库不仅包括描述事物的数据本身,还包括相关事物之间的联系。数据库具有数据独立性、数据安全性、数据冗余度小、数据共享等特征。

2. 数据库管理系统

数据库管理系统(Data Base Management System,DBMS)是用来管理和维护数据库的系统软件。数据库管理系统是位于操作系统之上的系统软件。

3. 数据库应用系统

数据库应用系统(Data Base Application System,DBAS)是指系统开发人员在数据库管理系统环境下开发出来的,面向某一类实际应用的应用软件系统。例如,人事管理系统、成绩管理系统、图书管理系统等,这些都是以数据库为核心的计算机应用系统。

4. 数据库系统

数据库系统(Data Base System,DBS)通常是指带有数据库的计算机系统。数据库系统不仅包括数据本身,还包括相应的硬件、软件和各类人员。数据库系统一般由数据库、数据库管理系统(及其开发工具)、数据库应用系统、数据库管理员和用户组成。

1.2.2 数据库系统体系结构

数据库系统的体系结构是数据系统的一个总框架。尽管实际数据库软件产品种类繁多,使用的数据库语言各异,基础操作系统不同,采用的数据结构模型相差甚远,但绝大多数数据库系统在总体结构上都具有三级模式的结构特征。

三级结构的组织形式称为数据库的体系结构或数据抽象的 3 个级别。这个结构是于 1975 年在美国 ANSI/X3/SPARC(美国国家标准协会的计算机与信息处理委员会中的标准计划与需求委员会)数据库小组的报告中提出的。

1. 三级数据视图

数据抽象的三个级别又称为三级数据视图,是不同层次用户(人员)从不同角度所看到的数据组织形式。

(1)外部视图

第一层的数据组织形式是面向应用的,是程序员开发应用程序时所使用的数据组织形式,是程序员所看到的数据的逻辑结构,是用户数据视图,称为外部视图,外部视图可以有多个。这一层的最大特点是以各类用户的需求为出发点,构造满足其需求的最佳逻辑结构形式。

(2)全局视图

第二层的数据组织形式是面向全局应用的,是全局数据的组织形式,是数据库管理人员所看到的全体数据的逻辑组织形式,称为全局视图,全局视图仅有一个。这一层的特点是对全局应用最佳的逻辑结构形式。

（3）存储视图

第三层的数据组织形式是面向存储的，是按照物理存储最优策略的组织形式，是系统维护人员所看到的数据结构，称为存储视图，存储视图仅有一个。这一层的特点是物理存储最佳的结构形式。

外部视图是全局视图的逻辑子集，全局视图是外部视图的逻辑汇总和综合，存储视图是全局视图的具体实现。三级视图之间的联系由二级映射实现，外部视图和全局视图之间的映射称为逻辑映射，全局视图和存储视图之间的映射称为物理映射。

2. 三级模式

三级视图是用图、表等形式描述的，具有简单、直观的优点。但是，这种形式目前还不能被计算机直接识别。为了在计算机系统中实现数据的三级组织形式，必须用计算机可以识别的语言对其进行描述。DBMS 提供了这种数据描述语言（Data Description Language，DDL）。我们称用 DDL 精确定义数据视图的程序为模式（Scheme），与三级视图对应的是三级模式。

（1）外模式

定义外部视图的模式称外模式，也称子模式。它由对用户数据文件的逻辑结构描述以及对全局视图中文件的对应关系的描述组成，用 DBMS 提供的外模式 DDL 定义。一个外模式可以由多个用户共享，而一个用户只能使用一个外模式。

（2）模式

定义全局视图的模式称逻辑模式，简称模式。它由对全局视图中全体数据文件的逻辑结构描述以及对存储视图中文件的对应关系的描述组成，用 DBMS 提供的模式 DDL 定义。逻辑结构的描述包括记录型（组成记录的数据项名、类型、取值范围等）、记录之间的联系、数据的完整性、安全保密要求等。

（3）内模式

定义存储视图的模式称内模式，又称物理模式。它由对存储视图中全体数据文件的存储结构的描述以及对存储介质参数的描述组成，用 DBMS 提供的内模式 DDL 定义。存储结构的描述包括记录值的存储方式（顺序存储、Hash 方法、B 树结构等）、索引的组织方式等。

三级模式所描述的仅仅是数据的组织框架，而不是数据本身。在内模式这个框架内填上具体数据就构成物理数据库，它是外部存储器上真实存在的数据集合；模式框架下的数据集合是概念数据库，它仅是物理数据库的逻辑映像；外模式框架下的数据集合是用户数据库，它是概念数据库的逻辑子集。

3. 二级映像与数据独立性

数据库系统的三级模式是对数据的三级抽象，数据的具体组织由数据管理系统负责，使用户能逻辑地处理数据，而不必考虑数据在计算机中的表示和存储方法。为了实现三个抽象层次的转换，数据库系统在三级模式中提供了二级映像：外模式/模式映像和模式/内模式映像。所谓映像，就是存在某种对应关系。外模式到模式的映像，定义了外模式与模式之间的对应关系；模式到内模式的映像，定义了数据的逻辑结构和物理结构之间的对应关系。

　　上述二级映像,使数据库管理中的数据具有两个层次的独立性:一个是数据物理独立性。模式和内模式之间的映像是数据的全局逻辑结构和数据的存储结构之间的映像,当数据库的存储结构发生了改变(如存储数据库的硬件设备变化或存储方法变化),程序可以不必修改。另一个是数据的逻辑独立性,外模式和模式之间的映像是数据的全局逻辑结构和数据的局部逻辑结构之间的映像。例如,当数据管理的范围扩大或某些管理的要求发生改变后,数据的全局逻辑结构发生变化,而对不受该全局变化影响的那些局部逻辑结构而言,至多改变外模式与模式之间的映像,至于局部逻辑结构所开发的应用程序就不必修改。数据的独立性是数据库系统最重要的特征之一,采用数据库技术使得维护应用程序的工作量大大减轻。

1.2.3　数据库管理系统的功能

　　由于不同 DBMS 要求的硬件资源、软件环境是不同的,因此其功能与性能也存在差异,但一般来说,DBMS 的功能主要包括以下 6 个方面:

　　1. 数据定义

　　DBMS 提供相应数据描述语言(DDL)来定义数据库结构,它们刻画数据库框架,并被保存在数据字典中。数据定义包括定义构成数据库结构的模式、内模式和外模式,定义外模式与模式之间、模式与内模式之间的映射,并定义有关的约束条件。

　　2. 数据操纵

　　DBMS 提供数据操纵语言(DML),实现对数据库数据的操纵,包括对数据库数据的检索、插入、修改和删除等基本操作。

　　3. 数据库运行管理

　　对数据库的运行进行管理是 DBMS 运行时的核心部分。所有访问数据库的操作都要在这些控制程序的统一管理下进行,以保证数据的安全性、完整性、一致性以及多用户对数据库的并发使用。

　　4. 数据组织、存储和管理

　　数据库中需要存放多种数据,DBMS 负责分门别类地组织、存储和管理这些数据,确定以何种文件结构和存取方式物理地组织这些数据,如何实现数据之间的联系,以便提高存储空间利用率以及提高各种操作的时间效率。

　　5. 数据库的建立和维护

　　建立数据库,包括数据库初始数据的输入与数据转换等;维护数据库,包括数据库的转储与恢复、数据库的重组织与重构造、性能的监视与分析等。

　　6. 数据通信接口

　　DBMS 提供处理数据的传输,实现用户程序与 DBMS 之间的通信,通常与操作系统协调完成。

1.2.4 数据库系统的特点

数据库系统具有以下特点：

1. 实现数据共享，减少数据的冗余

在数据库系统中，对数据的定义和描述已经从应用程序中分离出来，通过数据库管理系统来统一管理。数据的最小访问单位是字段，既可以按字段的名称存取库中某一个或某一组字段，也可以存取一条记录或一组记录。

在建立数据库时，应该以面向全局的观点组织数据库中的数据，而不是像文件系统那样只考虑某一部分的局部应用，这样才能发挥数据共享的优势。

2. 采用特定的数据模型

数据库中的数据是有结构的，这种结构由数据库管理系统所支持的数据模型表现出来。数据库系统不仅可以表示事物内部各数据项之间的联系，还可以表示事物与事物之间的联系，从而能够反映现实事物之间的联系。因此，任何数据库系统都支持一种抽象的数据模型。

3. 具有较高的数据独立性

在数据库系统中，数据库管理系统提供映像功能，从而使得数据的总体逻辑结构、物理存储结构之间具有较高的独立性。用户只需以简单的逻辑结构来操作数据，无须考虑数据在存储器上的物理位置与结构。

4. 具有统一的数据控制功能

数据库可以被多个用户或应用程序共享，数据的存取往往是并发的，即多个用户可以同时使用同一个数据库。数据库管理系统必须提供必要的保护措施，包括并发访问控制功能、数据的安全性控制功能和数据的完整性控制功能。

1.2.5 现实世界的数据描述

客观世界的事物是相互联系的。在数据库技术中，客观世界的事物以数据的形式来表示。

1. 实体

从数据处理的角度看，现实世界中的客观事物称为实体。它可以指人（如一个教师、一个学生），也可以指事物（如一门课程、一本书）；它不仅可以指实际的物体，也可以指抽象的事件（如一次考试、一次比赛），还可以指事物与事物之间的联系（如学生选课、图书借阅）。

一个实体具有不同的属性，属性描述了实体所具有的特性。例如，学生实体可以描述为学生（学号、姓名、专业编号、性别、出生日期、入学时间、入学成绩、团员否、照片、简历），学号、姓名等都是实体的属性，每个属性可以取不同的值。

在一个实体中，属性值的变化范围称作属性值的域。如性别属性的域为（男，女），某一届学生的出生日期属性的域可规定为（01/01/90－12/31/92）。由此可见，属性是个变

量,属性值是变量所取的值,而域是变量的变化范围。属性值所组成的集合表示一个具体的实体。相应地,这些属性的集合表征了一种实体的类型,称为实体型。如上面的学号、姓名、专业编号、性别、出生日期等表征学生实体的实体型。同类型的实体的集合称为实体集。例如,对学生实体的描述是一个实体型,而学生实体中的一个具体的实体可以描述为(010601、赵大国、21、男、07/25/86、09/01/08、526、F、Gen、Memo),类似的全部实体的集合就是实体集。

在 Visual FoxPro 中,用"表"来表示同一类实体,即实体集;用"记录"来表示一个具体的实体;用"字段"来表示实体的属性。显然,字段的集合组成一条记录;记录的集合组成一个表;相应地,实体型代表了表的结构。

2. 实体间的联系

实体之间的对应关系称为实体间的联系,具体是指一个实体集中可能出现的每一个实体与另一个实体集中有多少个具体实体之间存在联系,它反映了现实世界事物之间的相互关联。实体之间有各种各样的联系,归纳起来有以下 3 种类型:

(1)一对一联系(1∶1)。如果对于实体集 A 中的每一个实体,实体集 B 中有且只有一个实体与之联系,反之亦然,则称实体集 A 与实体集 B 有一对一的联系。例如,一所学校只有一个校长,一个校长只在一所学校任职,所以校长与学校之间的联系是一对一的联系。

(2)一对多联系(1∶n)。如果对于实体集 A 中的每一个实体,实体集 B 中有多个实体与之联系;反之,对于实体集 B 中的每一个实体,实体集 A 中至多只有一个实体与之联系,则称实体集 A 与实体集 B 有一对多的联系。例如,一所学校有许多学生,但一个学生只能就读于一所学校,所以学校与学生之间的联系是一对多的联系。

(3)多对多联系(m∶n)。如果对于实体集 A 中的每一个实体,实体集 B 中有多个实体与之联系,而对于实体集 B 中的每一个实体,实体集 A 中也有多个实体与之联系,则称实体集 A 与实体集 B 之间有多对多的联系。例如,一个学生可以选修多门课程,一门课程也可以被多个学生选修,所以学生与课程之间的联系是多对多的联系,如图 1-1 所示。

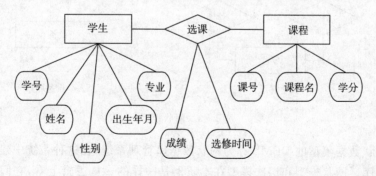

图 1-1 学生和课程之间多对多的联系

1.2.6 数据模型

数据库中不仅要存储数据本身,还要存储数据之间的联系,把表示数据与数据之间联系的方法称为数据模型。传统的数据模型分为层次模型、网状模型和关系模型 3 种。

1．层次模型

层次模型用树形结构来表示实体及实体之间的联系。层次模型有如下特征：

（1）有且仅有一个结点没有双亲结点，这个结点即为根结点；

（2）其他结点有且仅有一个双亲结点。

事实上，许多实体间的联系本身就是自然的层次关系，如一个单位的行政机构、一个家庭的世代关系等。图1－2所示为某一部门的层次模型。

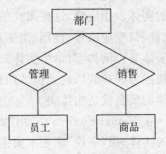

图1－2　某一部门的层次模型

支持层次模型的 DBMS 称为层次数据库管理系统，在这种系统中建立的数据库是层次数据库。层次数据库不能直接表示出多对多的联系。

2．网状模型

用网状结构表示实体及实体之间联系的模型称为网状模型，如图1－3所示。网状模型有如下特征：

（1）允许结点有多于一个的双亲结点；

（2）可以有一个以上的结点没有双亲结点。

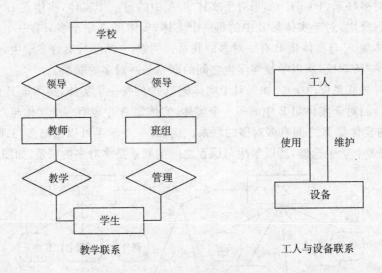

教学联系　　　　　　　　工人与设备联系

图1－3　网状模型

支持网状数据模型的 DBMS 称为网状数据库管理系统，在这种系统中建立的数据库是网状数据库。网状模型和层次模型在本质上是一样的。从逻辑上看，它们都是基本层次模型集合；从物理结构上看，它们的每一个结点都是一个存储记录，用链接指针来实现记录之间的联系。网状模型数据间的关系纵横交错，数据结构更加复杂。

3．关系模型

关系模型是最重要的数据模型之一，关系模型是用二维表结构来表示实体及实体之间联系的数据模型。关系模型的数据结构是二维表，每个二维表又可称为关系。简单的关系模型如表1-1所示。

表1-1　学生关系

学 号	姓 名	专业编号	性 别	出生日期	入学时间	入学成绩	团员否	照 片	简 历
010601	赵大国	21	男	07/25/86	09/01/08	526	F	Gen	Memo
010612	钱进	03	男	09/20/86	09/01/08	541	T	Gen	Memo
010221	孙静	03	女	02/02/85	09/01/08	512	T	Gen	Memo
010332	李子豪	42	男	06/05/87	09/01/08	499	T	Gen	Memo

1.3　关系数据库系统

自20世纪80年代以来,计算机厂商推出的数据库管理系统的产品几乎都支持关系模型。关系数据库系统是支持关系数据模型的数据库系统,现在普遍使用的数据库管理系统都是关系数据库管理系统。Visual FoxPro 就是基于关系模型的,是一种关系数据库管理系统。

1.3.1　关系的基本概念及其特点

1. 基本概念

(1)关系。一个关系就是一张二维表,通常将一个没有重复行、重复列的二维表看成一个关系,每个关系都有一个关系名。在 Visual FoxPro 中,一个关系对应于一个表文件,其扩展名为 .dbf。

(2)元组。二维表的水平方向的行在关系中称为元组。在 Visual FoxPro 中,一个元组对应表中一条记录。

(3)属性。二维表的垂直方向的列在关系中称为属性,每个属性都有一个属性名,属性值则是各个元组属性的取值。在 Visual FoxPro 中,一个属性对应表中的一个字段,属性名对应字段名,属性值对应各个记录的字段值。

(4)域。属性的取值范围称为域。域作为属性值的集合,其类型与范围取决于属性的性质及其所表示的意义。同一属性只能在相同域中取值。

(5)关键字。用来唯一地标识一个元组的属性或属性的组合称为关键字。在 Visual FoxPro 中,关键字由字段或字段的组合表示,学生关系表的学号字段可以作为标识一条记录的关键字,而性别字段就不能作为起唯一标识作用的关键字。在 Visual FoxPro 中,可以起到唯一标识一个元组作用的关键字称为候选关键字,从候选关键字中选择一个作为主关键字。

(6)外部关键字。如果表中的一个字段不是本表的主关键字或候选关键字,而是另外一个表的主关键字或候选关键字,则该字段称为外部关键字。

2. 关系的特点

关系可以看做是二维表,但并不是所有的二维表都是关系,关系有以下特点:

(1)关系必须规范化,属性不可再分割;

(2)同一关系中,不允许出现相同的属性名;

(3)同一关系中,不允许出现完全相同的元组;

(4)关系中,元组的次序无关紧要;

(5)关系中,属性的次序无关紧要。

1.3.2　关系数据库

由关系模型构成的数据库就是关系数据库。关系数据库由包含数据记录的多个数据表组成,用户可在相关数据的多个表之间建立相互联系。

在关系数据库中,数据被分散到不同的数据表中,以便每一个表中的数据只记录一次,从而避免数据的重复输入,减少冗余。

1.3.3　关系代数运算

1. 传统的集合运算

(1)并($\cup$):关系 R 和 S 具有相同的关系模式,R 和 S 的并是由属于 R 和属于 S 的所有不同的元组构成的集合,记为 $R \cup S$。

(2)差($-$):关系 R 和 S 具有相同的关系模式,R 和 S 的差是由属于 R 但不属于 S 的元组构成的集合,记为 $R - S$。

(3)交($\cap$):关系 R 和 S 具有相同的关系模式,R 和 S 的交是由既属于 R 也属于 S 的元组构成的集合,记为 $R \cap S$。

(4)广义笛卡尔积($\times$):设关系 R 和 S 的属性个数分别为 n、m,则 R 和 S 的广义笛卡尔积是一个有 $n+m$ 列的元组的集合。每个元组的前 n 列来自 R 的一个元组,后 m 列来自 S 的一个元组,记为 $R \times S$。

根据笛卡尔积的定义:有 n 元关系 R 及 m 元关系 S,它们分别有 p、q 个元组,则关系 R 与 S 的笛卡尔积记为 $R \times S$,该关系是一个 $n+m$ 元关系,元组个数是 $p \times q$,由 R 与 S 有序组合而成。

例如,对关系 R 和 S 分别进行并、差、交和广义笛卡尔积运算,运算结果如图 1-4 所示。

2. 专门的关系运算

(1)选择运算(Selection)

选择又称为限制(Restriction),是在关系 R 中选择满足给定条件的诸元组,记作

$$\sigma_f(R) = \{t | t \in R \wedge F(t) = T\}$$

其中,F 表示选择条件。

(2)投影运算(Project)

从关系 R 中选择出若干属性列组成的新关系 R'。设 R 有 n 个域 $A_1, A_2, \cdots, A_n$,则在 R 上对域 $A_{i1}, A_{i2}, \cdots, A_{in}(A_{ij} \in \{A_1, A_2, \cdots, A_n\})$ 的投影运算可以表示为

$$\prod_{A_1,A_2,\cdots,A_m}(R)=R$$

（3）连接运算（Join）

连接运算又称为 θ 运算，是一种二元运算，通过它可以将两个关系合并成一个大关系。设有关系 R、S，以及比较式 $i\theta j$，其中 i 为 R 中的域，j 为 S 中的域，可以将 R、S 在域 i、j 上的 θ 连接记作

$$R \underset{i\theta j}{\bowtie} S = \sigma_{ij}(R \times S)$$

或简写为 $R \underset{i\theta j}{\bowtie} S$。

（4）自然连接（Natural Join）

自然连接是一种特殊的等值连接，它满足如下的条件：

① 两个关系之间有公共域；

② 通过公共域的等值进行连接。

（5）除（Division）

当关系 $T=R \times S$ 时，则可以将除运算记作

$$T \div R = S$$

或

$$T/R = S$$

R		
A	B	C
$a1$	$b1$	$c1$
$a1$	$b2$	$c2$
$a2$	$b2$	$c1$

S		
A	B	C
$a1$	$b2$	$c2$
$a1$	$b3$	$c2$
$a2$	$b2$	$c1$

$R \cup S$		
A	B	C
$a1$	$b1$	$c1$
$a1$	$b2$	$c2$
$a2$	$b2$	$c1$
$a1$	$b3$	$c2$

$R - S$		
A	B	C
$a1$	$b1$	$c1$

$R \cap S$		
A	B	C
$a1$	$b2$	$c2$
$a2$	$b2$	$c1$

$R \times S$					
$R.A$	$R.B$	$R.C$	$S.A$	$S.B$	$S.C$
$a1$	$b1$	$c1$	$a1$	$b2$	$c2$
$a1$	$b1$	$c1$	$a1$	$b3$	$c2$
$a1$	$b1$	$c1$	$a2$	$b2$	$c1$
$a1$	$b2$	$c2$	$a1$	$b2$	$c2$
$a1$	$b2$	$c2$	$a1$	$b3$	$c2$
$a1$	$b2$	$c2$	$a2$	$b2$	$c1$
$a2$	$b2$	$c1$	$a1$	$b2$	$c2$
$a2$	$b2$	$c1$	$a1$	$b3$	$c2$
$a2$	$b2$	$c1$	$a2$	$b2$	$c1$

图 1-4　并、差、交和广义笛卡尔积运算结果

1.3.4 关系的完整性约束

关系的完整性约束即提供一种手段,使得授权用户对数据库修改时不会破坏数据的一致性。关系的完整性约束分为实体完整性约束、参照完整性约束和用户自定义完整性约束。其中实体完整性和参照完整性是关系模型必须满足的完整性约束条件,被称作是关系的两个不变性,应该由关系系统自动支持。

1. 实体完整性约束

实体完整性约束要求关系的关键字的属性值不能为空值且必须唯一。

例如,学生(学号、姓名、专业编号、性别、出生日期、入学时间、入学成绩、团员否、照片、简历),其中学号属性为关键字,则其不能取空值也不允许重复。

关系模型必须遵守实体完整性规则的原因:

(1)实体完整性规则是针对基本关系而言的。一个基本表通常对应现实世界的一个实体集或多对多联系。

(2)现实世界中的实体和实体间的联系都是可区分的,即它们具有某种唯一性标识。

(3)相应地,关系模型中以关键字作为唯一性标识。

(4)关键字中的属性即主属性不能取空值。空值就是"不知道"或"无意义"的值。主属性取空值,就说明存在某个不可标识的实体,即存在不可区分的实体,这与(2)相矛盾,因此这个规则称为实体完整性。

2. 参照完整性约束

参照完整性约束是关系之间相互关联的基本约束,不允许关系引用不存在的元组,即在关系中的外部关键字要么是所关联关系中实际存在的元组,要么为空值。

例如,学生(学号、姓名、专业编号、性别、出生日期、入学时间、入学成绩、团员否、照片、简历);选课(课程编号、学号、开课时间、成绩)。

在学生表中学号是主关键字,而选课表中的课程编号是主关键字,那么我们说学号是选课表的外部关键字。

选课关系中每个元组的"学号"属性只能取下面两类值:

(1)空值,表示尚未发生选课关系。

(2)非空值,这时该值必须是学生关系中某个元组的"学号"值,表示该选课关系不可能发生在一个不存在的学生身上。

3. 用户自定义完整性约束

用户自定义完整性约束反映某一具体应用所涉及的数据必须满足的语义要求。例如,成绩属性的取值范围在0~100之间等。

1.4 Visual FoxPro 系统简介

Visual FoxPro 是继 dBASE、FoxBASE、FoxPro 之后推出的又一代关系数据库管理系统。它将数据库作为数据表的容器,实现了真正意义上的数据库。它完全支持面向对象程序设计技术,并提供可视化编程环境,具有很强的应用程序开发能力。

1.4.1 Visual FoxPro 的特点

作为一种数据管理软件,Visual FoxPro 提供强大的数据存储功能,数据存储在数据表中,并将数据表集中在数据库中管理,在数据库中定义各个数据表之间的关系。Visual FoxPro 提供的查询和视图对象可以方便地实现数据检索功能,表单对象提供的可视化界面可以查看和管理表中的数据,报表对象实现数据的分析和输出功能。Visual FoxPro 的主要特点表现在以下几个方面:

1. 良好的用户界面

Visual FoxPro 提供了一个由菜单驱动,辅以命令窗口的简捷友好、功能全面的用户界面。用户可以通过输入命令或使用菜单,实现对 Visual FoxPro 各种功能的操作,完成数据管理的任务。

Visual FoxPro 的各种操作大多在不同类型的系统窗口中进行,而且有些窗口之间可以互相切换,方便用户进行不同的操作。除系统窗口外,用户还可以根据自己的要求设计输入/输出窗口。

Visual FoxPro 系统支持文本的剪切、复制、粘贴等功能,为程序或文本的编辑提供了方便灵活的手段。

2. 强大的面向对象编程技术

Visual FoxPro 提供数百条命令和标准函数,有较强的计算机语言功能,适合用户编程。Visual FoxPro 不仅支持传统的结构化编程技术,还支持面向对象程序编程技术。通过 Visual FoxPro 的对象和事件模型,用户可以充分利用可视化的编程工具完成面向对象的程序设计,包括使用类,并给每一个类定义属性、事件和方法,快捷、方便地进行系统开发。

3. 简单的数据库操作

在 Visual FoxPro 中,数据库是表的集合,数据库中包括了表与表之间的永久联系、视图等对象,可以方便地进行数据筛选、数据连接等操作,并且大多数操作都可在数据库设计器或表设计器中进行,使得用户操作方便快捷。

4. 众多的辅助性设计工具

Visual FoxPro 提供了向导(Wizard)、设计器(Designer)和生成器(Builder)3 类可视化设计工具,能帮助用户以简单的操作,快速完成各种查询和设计任务。

5. 兼容早期版本

Visual FoxPro 对早期的 FoxPro 程序向下兼容,可以直接运行 FoxPro 程序,也可以编辑 FoxPro 程序。

1.4.2 Visual FoxPro 的系统环境

1. 软件环境

Visual FoxPro 6.0 是一个 32 位的数据库管理系统,可运行于 Windows 95/

Windows 98/ Windows 2000/Windows XP 4.0 或更高版本的操作系统中。

2. 硬件环境

Visual FoxPro 6.0 对计算机的硬件要求不高,只要满足以下基本要求的计算机即可安装运行 Visual FoxPro 6.0。

(1)处理器:486DX/66MHz 或更高处理速度的处理器。

(2)内存:16MB 以上容量的内存储器。

(3)硬盘空间:典型安装需要 85MB 的硬盘空间;完全安装(包括所有联机文档)需要 240MB 的硬盘空间。安装后硬盘至少要有 15MB 的自由空间。

(4)显示器:VGA 或更高分辨率的显示器。

1.4.3　Visual FoxPro 的安装

Visual FoxPro 可以从 CD-ROM 或网络上安装。这里仅介绍从 CD-ROM 上安装的方法:

将 Visual FoxPro 系统光盘插入到光盘驱动器中,自动运行安装程序,然后选择系统提供的安装方式,利用"安装向导"按步骤选择相应的选项,完成安装过程。

1.4.4　Visual FoxPro 的启动与退出

1. 启动

当 Visual FoxPro 安装成功后,可以选择以下任意一种方法启动:

(1)单击"开始"→"程序"→"Microsoft Visual FoxPro 6.0"菜单项,弹出如图 1-5 所示的主界面。

(2)双击桌面上的 Visual FoxPro 快捷方式图标。

(3)任选一个与 Visual FoxPro 相关联的文件双击,Visual FoxPro 也可自动启动。

2. 退出

可以选择以下任意一种方法退出 Visual FoxPro:

(1)单击"文件"→"退出"命令;

(2)在命令窗口中输入命令 QUIT 并按回车键;

(3)单击屏幕右上角的 ▨ 退出;

(4)单击窗口左上角的控制菜单,选择"关闭"命令,或直接按快捷键 Alt+F4。

1.4.5　Visual FoxPro 的基本组成

Visual FoxPro 的窗口主界面如图 1-5 所示,包括标题栏、菜单栏、工具栏、状态栏、命令窗口、工作区窗口等几个部分。

1. 菜单栏

菜单栏位于屏幕的第 2 行,默认情况下包含"文件"、"编辑"、"显示"、"格式"、"工具"、"程序"、"窗口"和"帮助"8 个菜单项,每个菜单包括各项操作功能和命令。

菜单栏中的选项会根据不同的环境有所变化。例如,浏览一个表时,"格式"菜单项

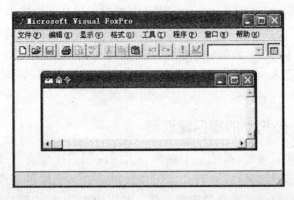

图 1-5　Visual FoxPro 主界面

将被"表"菜单项所替换,该菜单中包含了对表操作的相关命令;在打开一个报表时,菜单栏中自动添加"报表"菜单项,其中包括了对报表进行操作的命令。

2. 工具栏

工具栏位于菜单栏的下方,包含了 Visual FoxPro 常用的一些命令。Visual FoxPro 提供常用工具栏、布局工具栏、表单控件工具栏等 11 种常用工具栏,用户可以根据需要定制或修改现有的工具栏。工具栏会随着某一类型的文件而自动打开,也可以通过"显示"菜单设置工具栏的显示或隐藏:单击"显示"→"工具栏",打开"工具栏"对话框,如图 1-6所示。在"工具栏"对话框中,选择工具栏名称前的复选框来显示工具栏,清除工具栏名称前的复选框来隐藏工具栏,然后单击"确定"按钮,就可实现显示或隐藏指定的工具栏。

图 1-6　"工具栏"对话框

3. 命令窗口

执行命令是 Visual FoxPro 一种主要的工作方式,命令的执行主要通过命令窗口来完成。在命令窗口中,可以输入命令对各类数据对象进行管理,也可以在命令窗口中建立程序并运行。大多数命令通过菜单方式也可以实现。

显示或隐藏命令窗口的方法如下:

(1)单击命令窗口右上角的"关闭"按钮可以关闭它,通过选择"窗口"→"命令窗口"

菜单命令可以显示它；

（2）单击"常用"工具栏上的"命令窗口"按钮可实现显示和隐藏功能；

（3）按快捷键 Ctrl＋F4 隐藏命令窗口，按快捷键 Ctrl＋F2 显示命令窗口。

在命令窗口中输入 QUIT 命令，退出 Visual FoxPro 系统，输入 CLEAR 命令清除 Visual FoxPro 主窗口的内容。

1.4.6　Visual FoxPro 的项目管理器

开发数据库应用系统时，即使一个规模不大的应用系统也会有多种类型的文件，如果没有一个有效的管理工具，将会对开发工作及以后的系统维护工作带来很大的困难。因此，Visual FoxPro 提供了项目管理器这样一种组织工具，用户可以把不同类型的文件放到项目管理器中，将文件用图示和分类的方式，按照文件的类型放置在不同的标签中，并针对不同类型的文件提供不同的操作选项，这样就可以对应用系统文件进行集中而有效的管理。

1. 项目管理器的结构

使用项目管理器可以使用户很快熟悉 Visual FoxPro。用户在使用 Visual FoxPro 时，最好把应用程序中的所有文件都组织到项目管理器中以便查找。

项目管理器由 6 个选项卡、6 个命令按钮和一个列表框组成，如图 1－7 所示。

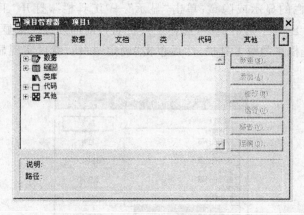

图 1－7　"项目管理器"窗口

项目管理器采用树形目录结构来显示和管理本项目包含的所有内容。在项目管理器的列表框内选中某项后，可以单击右侧的"新建"、"添加"和"修改"等命令按钮进行相应的操作，在项目管理器底部还将显示当前选中文件的简要说明和访问路径。

项目管理器中的 6 个选项卡的功能如下。

① 全部：显示和管理项目包含的所有文件。

② 数据：包含项目中的所有数据，如数据库、自由表和查询等。

③ 文档：包含显示、输入和输出数据时涉及的所有文档，如表单、报表和标签等。

④ 类：显示和管理用户自定义类，可以在此新建自定义类，也可以将已创建的类库文件添加到当前的项目中来，并可以修改或移去自定义类。

⑤ 代码：显示和管理各种程序代码文件，包括程序、应用程序和 API 库。

⑥ 其他：显示和管理各种菜单、文本文件、位图文件、图标文件和帮助文件等。

项目管理器中的 6 个命令按钮的功能如下。

① 新建：用于生成一个新的文件或新的对象。

② 添加：用于向项目中添加一个已有的文件。

③ 修改：用于对项目管理器中已有的文件进行修改。

④ 运行：当选择查询、表单、菜单或程序文件时，用于运行选定的查询、表单、菜单或程序文件；当选择表、自由表或本地视图时，该按钮变为"浏览"命令按钮，用于打开一个表、自由表或本地视图的浏览窗口；当选择报表或标签时，该按钮变为"预览"命令按钮，用于预览报表或标签；当选择数据库时，如果选择的数据库已被打开，则该按钮变为"关闭"，如果选择的数据库未被打开，则该按钮变为"打开"。

⑤ 移去：用于把所选择的文件从项目中移走。

⑥ 连编：用于创建应用程序或可执行程序。

2. 新建项目

(1)单击"文件"→"新建"命令，或者单击"常用"工具栏的"新建"命令按钮，打开"新建"对话框，如图 1 – 8 所示。

(2)单击"项目"→"新建文件"或"向导"命令按钮，都可以创建一个新项目，在此只介绍前一种方式：

单击"新建文件"命令按钮，将打开"创建"对话框，如图 1 – 9 所示，在"保存在"下拉列表框中选择新建项目所要存放的位置，在"项目文件"文本框中输入新建项目的名称，本书新建项目的名称为"用户项目"。

图 1 – 8 "新建"对话框

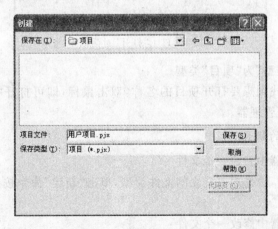

图 1 – 9 "创建"对话框

(3)单击"保存"命令按钮，即创建了一个新项目，并进入如图 1 – 10 所示的项目管理器。

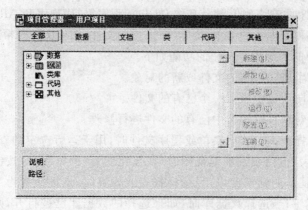

图1-10 "项目管理器"窗口

3. 打开项目

(1)单击"文件"→"打开"命令,或者单击"常用"工具栏的"打开"命令按钮,则弹出"打开"对话框,如图1-11所示。

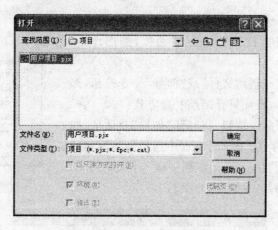

图1-11 "打开"对话框

(2)选择"文件类型"为"项目"类型。

(3)在列表框中找到想要打开项目的名称,双击鼠标,即可打开"用户项目",出现如图1-10所示的项目管理器。

4. 项目管理器的操作

(1)在项目管理器中新建一个文件

在项目管理器中,选择想要建立的文件类型,单击"新建"命令按钮,在打开的设计器中建立文件。

(2)在项目管理器中修改一个文件

在项目管理器中,选择想要修改的文件,单击"修改"命令按钮,按照所出现的设计器类型来修改文件。

(3)向项目管理器中添加一个文件

在项目管理器中,选择想要添加的文件类型,单击"添加"命令按钮,在打开的对话框中,选择所要添加文件的存放位置及名称,单击"确定"命令按钮即可完成操作。

(4)从项目管理器中移去或删除一个文件

在项目管理器中,选择想要移去的文件类型,单击"移去"命令按钮,在打开的对话框中,选择所要移去文件的存放位置及名称,单击"确定"命令按钮,在弹出的对话框中选择移去或删除。

5. 项目管理器的定制

(1)移动位置和改变窗口大小

打开项目管理器,将鼠标放在标题栏上,然后拖动标题栏,即可移动项目管理器的位置。如果将鼠标放在项目管理器窗口边线或对角线上,拖动窗口边线或对角线,即可调整项目管理器窗口大小。

(2)展开和折叠项目管理器

打开项目管理器,单击项目管理器右上角的向上箭头,可以将项目管理器折叠起来,这时的箭头变为向下,如图1-12所示,再单击向下箭头又可以将项目管理器展开。

图1-12 折叠"项目管理器"

项目管理器折叠后,可以将选项卡从项目管理器中拖出,使其成为一个独立的浮动的选项卡。图1-13是将"数据"和"文档"两个选项卡拖出后的示例,此时,项目管理器中的"数据"和"文档"选项卡变为无效的灰色。如果要还原选项卡,可以单击选项卡上的关闭按钮,或将选项卡拖回项目管理器中。

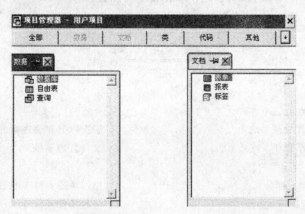

图1-13 将"数据"和"文档"选项卡拖出"项目管理器"

(3)停放项目管理器

打开项目管理器,双击项目管理器标题栏,即可将项目管理器停放,如图1-14所示,它将成为Visual FoxPro主屏幕界面工具栏的一部分。如果要取消项目管理器的停放状态,可以在项目管理器任一选项卡上右击鼠标,选择"拖走"命令,即可恢复为原来的初始状态。

图 1-14　停放项目管理器

小　结

本章介绍了数据库的基本概念和 Visual FoxPro 的基础知识，主要内容如下：

(1)数据处理的概念，数据库与数据库管理系统的概念和区别，以及数据管理所经历的各个阶段和特点。

(2)实体是现实世界中的客观事物，实体间存在一对一、一对多、多对多 3 种联系。

(3)数据模型分为层次模型、网状模型和关系模型 3 种。

(4)关系、元组(记录)和属性(字段)的基本概念。

(5)关系代数中传统的集合运算(并、差、交)和专门的关系运算(选择、投影、连接)。

(6) Visual FoxPro 是关系数据库管理系统。在 Visual FoxPro 中，关系也被称为表，一个表被存储为一个文件，表文件的扩展名是 .dbf。数据库是表及相关数据对象的集合，扩展名是 .dbc。

(7) Visual FoxPro 的基础知识，包括系统的安装与启动、Visual FoxPro 的用户界面等。

(8) Visual FoxPro 工具栏的使用和系统环境配置。

(9) Visual FoxPro 的文件类型和工作方式。

练　习　题

选择题

1. Visual FoxPro 是(　　)。

　A. 关系数据库管理系统　　　　　　　　　B. 层次数据库管理系统

　C. 网络数据库管理系统　　　　　　　　　D. 文件管理系统

2. DBMS 是(　　)。

　A. 操作系统的一部分　　　　　　　　　　B. 操作系统支持下的系统软件

　C. 一种编译程序　　　　　　　　　　　　D. 一种操作系统

3. 数据库(DB)、数据库系统(DBS)、数据库管理系统(DBMS)三者之间的关系是(　　)。

　A. DBS 包括 DB 和 DBMS　　　　　　　　B. DBMS 包括 DB 和 DBS

　C. DB 包括 DBS 和 DBMS　　　　　　　　D. DBS 就是 DB，也是 DBMS

4. 在基本关系中，下列说法正确的是(　　)。

　A. 行列顺序有关　　　　　　　　　　　　B. 属性名允许重名

　C. 任意两个元组不允许重复　　　　　　　D. 一列数据不要求是相同数据类型

5. 专门的关系运算不包括下列中的(　　)。

　A. 连接运算　　　　B. 选择运算　　　　C. 投影运算　　　　D. 交运算

6. Visual FoxPro 数据库管理系统基于的数据模型是( )。

    A. 层次型   B. 关系型   C. 网状型   D. 混合型

7. 公司中有若干个部门和若干名职员,每名职员只能属于一个部门,一个部门可以有多名职员,部门与职员的联系类型是( )。

    A. $m:n$ B. $1:n$ C. $n:1$ D. $1:1$

8. 对关系执行投影运算后,元组的个数与原关系中元组的个数( )。

    A. 相同   B. 小于原关系   C. 大于原关系   D. 不大于原关系

9. 启动 Visual FoxPro 后屏幕上会出现两个窗口,一个是 Visual FoxPro 的主窗口,另一个是( )。

    A. 命令窗口   B. 文本窗口   C. 帮助窗口   D. 对话框窗口

10. 对关系 S 和关系 R 进行集合运算,结果中既包含 S 中元组也包含 R 中元组,这种集合运算称为( )。

    A. 并运算   B. 交运算   C. 差运算   D. 积运算

填空题

1. 用二维表来表示实体及实体之间联系的数据模型称为( )。

2. 在关系中,域是指属性的( )。

3. 在关系数据库的基本操作中,从表中取出满足条件元组的操作称为( )。

4. 传统的数据库三大数据模型是( )、( )和( )。

5. 在关系模型中,二维表的列称为( ),二维表的行称为( )。

6. 在关系数据库的基本操作中,通过某种条件把两个关系中的元组连接到一起形成新的二维表,这种操作称为( )。

7. 在关系模型中,"关系中不允许出现相同元组"的约束是通过( )实现的。

第2章
Visual FoxPro 语言基础

Visual Foxpro 的主要功能就是存储信息并对存储的信息进行处理。在这里,信息实际上就是数据,而要实现这一目标,首先要选择合适的数据类型,然后根据需要将数据存储为变量或常量,最后利用函数进行相应的操作。本章将讲述 Visual FoxPro 的此类应用基础知识,如果大家学习过 C 语言或者其他类型语言,学习本章的内容相对会简单一些。

2.1　数据与数据运算

2.1.1　数据类型

在现实生活中,存在各种各样的数据。例如,时间、日期、数字等等,这些数据在 Visual FoxPro 中存储的时候,需要选择合适的数据类型,以方便后期数据的选择、处理和维护。

数据类型简称类型,根据数据的用途、属性和存储方式,Visual FoxPro 的数据类型一共分为 13 种,分别是字符型、货币型、数值型、整型、浮点型、双精度型、逻辑型、日期型、日期时间型、备注型、通用型、字符型(二进制)和备注型(二进制),如表 2-1 所示。开发人员可以根据数据的属性和需要选择合适的数据类型,对数据表进行优化。

表 2-1　主要数据类型

数据类型	缩写	说　明
字符型	C	由字母、数字、符号和 ASCII 码等组成的文本信息
货币型	Y	表示货币数据,保留 4 位小数
数值型	N	由正负号、数字及小数点组成的数值,参与数学运算
整型	I	表示整数值
浮点型	F	存储精度较高的数据,由尾数、阶数及字母 E 组成

（续表）

数据类型	缩写	说明
双精度型	B	和浮点型数据类似,存储精度要求更高的数据
逻辑型	L	进行逻辑判断
日期型	D	由年月日组成的数据
日期时间型	T	由年月日和时间组成的数据
备注型	M	存储指向实际数据的地址指针
通用型	G	存储 OLE 对象指针,可以是文档、图片、声音等多媒体数据
字符型(二进制)	C	用二进制的形式存储字符型数据
备注型(二进制)	M	用二进制的形式存储备注型数据

1. 字符型(Character)

字符型数据由字母、数字、符号、空格、ASCII 码和汉字等组成,用来存储和表示名称、地址及不需要进行计算的数字等各类文字信息。字符长度不超过 254 个字节,ASCII 码占一个字节,汉字占两个字节。

2. 货币型(Currency)

在存储货币数据时,可使用货币型数据,它的表示需要在数字前加上一个美元符号($)。货币型数据占 8 个字节,取值范围为 $-922337203625477.5808 \sim 9223307203685477.5807$。一般,当货币型数据小数点后面的位数超过 4 位时,会进行四舍五入的操作。

3. 数值型(Numeric)

数值型数据表示常规意义上参加数学运算的数据。数值型数据由数字 $0 \sim 9$、小数点和正负号组成。在内存中,数值型数据占 8 个字节,取值范围为 $-0.9999999999 \times 10^{19} \sim 0.9999999999 \times 10^{19}$。

4. 整型(Integer)

用于存储不包含小数点部分的整数,占 4 个字节,以二进制形式存储,取值范围为 $-2147483647 \sim 2147384646$。

5. 浮点型(Float)

浮点型数据本质上和整型数据是等价的,二者的区别在于存储方式不同。浮点型数据采用浮点的格式进行存储。由尾数、阶数及字母 E 组成,这种数据主要用于数据精度要求较高的运算。

6. 双精度型(Double)

双精度型数据和浮点型数据类似,区别在于存储的数据精度要求更高。存储时,以压缩格式存储,占 8 个字节,最多可以表示 18 位数字,其取值范围远大于数值型数据和浮点型数据。

7. 逻辑型（Logic）

用于表示逻辑数据，即判断一个条件是否成立，它的值只有两个：真、假。存储时，在内存中占一个字节。

8. 日期型（Date）

用于表示日期。日期型数据有多种表达方式，默认格式为 mm/dd/yy。在 Visual FoxPro 中，用户可以根据需要设定表达方式。例如，设置为 yy/mm/dd 的格式，这种数据的长度是固定的，占 8 个字节，其取值范围为 0001 年 1 月 1 日～9999 年 12 月 31 日。

9. 日期时间型（DateTime）

用于表示日期和时间，存储格式为 yyyymmddhhmmss，其中 yyyymmdd 表示日期，hhmmss 表示时间。它的显示方式也有多种，用户可以根据需要自行设定。

10. 备注型（Memo）

用于存储字符，占 4 个字节。实际上，备注型数据存储的是一个地址指针，该指针指向数据的存储位置，所以该类型数据存储的实际内容不受长度限制。

> 📖 **提示:**
> 备注型数据还用于存储任意不经过代码修改而维护的数据。

11. 通用型（General）

存储 OLE 对象的指针，其实际内容可以是文档、图片、电子表格、声音等多媒体数据。

12. 字符型（二进制）和备注型（二进制）

这两类数据是以二进制形式存储数据。

2.1.2 常 量

在设计数据表时，用户可以根据需要选择合适的数据存储方式来存储数据，以方便后期数据的检索和处理。所谓数据存储，就是选择合适的存储方式将数据保存起来。存储数据时通常采用常量和变量这两种方式。

常量通常用于存储在程序运行过程中固定不变的数据。在 Visual FoxPro 中定义了6 种常量：数值型常量、字符型常量、货币型常量、逻辑型常量、日期型常量和日期时间型常量。

1. 数值型常量

数值型常量可以是十进制的整数或者非整数，当要表示的数值较大或者较小时，可以采用科学计数法表示。例如，用 $1.56E+15$ 表示 1.56×10^{15}。

2. 字符型常量

字符型常量是由汉字和 ASCII 码字符组成，使用英文单引号、双引号和方括号作为定界符。例如，"abc"、'数据库'、[价格]都是字符型常量。

> **注意：**
> 定界符要成对出现，尤其要注意当常量中包含某个定界符时，应使用另外一种定界符号。

【例 2 - 1】 定界符常见的错误。

'数据库学习"

"你难道不知道"天道酬勤"么?"

这两种字符型常量都是错误的。第一个定界符号没有成对出现，而第二种字符串常量本意是定义"你难道不知道"天道酬勤"么?"这个常量，但是天道酬勤已经使用了双引号，这时再使用双引号作为定界符，程序无法对字符型常量进行正确解析。

3. 货币型常量

货币型常量在存储和计算时采用 4 位小数，并且不用科学计数法表示。如果一个货币型常量多于 4 位小数，系统会自动将多余的小数位四舍五入。例如，$123.456789 将存储为 $123.4568。

4. 逻辑型常量

逻辑型常量表示逻辑判断结果，通常用小圆点符号"."定界，如 .F. 和 .T.。

> **提示：**
> F 和 T 不区分大小写，.F. 和 .f. 都表示逻辑真。

5. 日期型常量

日期型常量用来表示一个日期，用花括弧作为定界符，它包括年、月、日 3 个部分，每部分之间可用反斜杠"/"、连字符"-"、"."或者空格作为日期的分隔符，如{10/12/2012}、{10.13.2013}。系统默认的日期格式为{mm/dd/yy}，其中 yy 可用两位数字或者 4 位数字来表示年份。如果想采用 yy/mm/dd 的方式表达日期，可在表示年份的数字前加上符号"^"，如{^2012 - 10 - 13}。空白日期可用{ }或者{/}来表示。

6. 日期时间型常量

日期时间型常量包括日期和时间两部分，采用花括弧作为定界符，时间和日期使用"r"作为分隔符号，即{日期,时间}，日期部分的格式和日期型常量相同。

时间部分包括时、分、秒 3 部分。当采用 12 小时制时，可使用 a 表示上午，用 p 来表示下午，其表示格式为[hh[：mm[：ss]] [a|p]]，其中[ ]内为可选内容。例如，{^2012.10.13,10：53}。空白的日期时间型常量可用{/：}表示。

常量在程序的执行过程中是不发生变化的，而程序在执行的过程中，需要对一些数据进行处理，数据的数值会发生变化，这部分变化的数据可以存储为变量。Visual FoxPro 中变量分为内存变量、数组变量和字段变量。这部分内容将会在 2.3 节中作详细的介绍。

2.1.3 运算符

运算符是对数据进行加工处理的符号，Visual FoxPro 的操作符分为 4 类：数值运算符、字符运算符、关系运算符和逻辑运算符，如表 2-2 所示。

表 2-2 运算符

类别	运算符	名称	功 能
数值运算符	+	加	同数学中的加法
	−	减	同数学中的减法
	*	乘	同数学中的乘法
	/	除	同数学中的除法
	** 或 ˆ	乘方	同数学中的乘方，例如，4ˆ3 表示 4^3
	%	求余	求余数，如 12%5 表示 12 除以 5 所得的余数为 2
字符运算符	+	连接	将字符型数据进行连接
	−	空格移位连接	将前一数据尾部的空格移到后面数据的尾部
关系运算符	<	小于	左侧表达式小于右侧表达式，返回 .T.，否则返回 .F.
	>	大于	左侧表达式大于右侧表达式，返回 .T.，否则返回 .F.
	<=	小于等于	左侧表达式小于等于右侧表达式，返回 .T.，否则返回 .F.
	>=	大于等于	左侧表达式大于等于右侧表达式，返回 .T.，否则返回 .F.
	=	等于	左侧表达式等于右侧表达式，返回 .T.，否则返回 .F.
	<>,#,!=	不等于	左侧表达式不等于右侧表达式，返回 .T.，否则返回 .F.
	==	精确等于	左侧表达式等于右侧表达式，返回 .T.，否则返回 .F.
	$	字符串包含比较	左侧表达式包含在右侧表达式中，返回 .T.，否则返回 .F.
逻辑运算符	.AND.	与	参与运算的两个条件都为真时，返回 .T.，否则返回 .F.
	.OR.	或	参与运算的两个条件只要有一个为真，则返回 .T.
	.NOT. 或 !	非	逻辑取反

2.1.4　表达式

表达式用来对数据进行处理并产生唯一的运算结果，可以用来执行数值运算、字符操作或测试数据。表达式由运算符、圆括号、常量、变量、函数和数据组成，其类型由运算符的类型决定。在 Visual FoxPro 中表达式有 5 类。

1. 数值表达式

数值型表达式也称为算术表达式，由数值运算符和数值型常量、变量、函数、圆括号组成，其运算结果为数值。

格式：

〈数值 1〉〈算术运算符 1〉〈数值 2〉[〈算术运算符 2〉〈数值 3〉…]

【例 2 - 2】 计算表达式 3 * 2 + 4 的值。

? 3 * 2 + 4

程序执行结果：

10

在数值表达式中，可以由多个运算符组成，这时需要根据运算符的优先级来决定运算顺序。数值运算符的优先级次序为

（ ）	ˆ 或 **	* 、/ 、 %	+ 、 -

高 ————————————————————→ 低

> **注意：**
> 在数学表达式中，小括号"( )"必须成对出现，且乘"*"、除"/"符号不能省略。

2. 字符表达式

一个字符表达式由字符运算符和字符常量、字符变量、字符串函数组成。它可以是一个简单的字符常量，也可以是若干个字符常量或字符变量的组合，其运算结果为字符。

格式：

〈字符串 1〉〈字符运算符 1〉〈字符串 2〉[〈字符运算符 2〉〈字符串 3〉…]

【例 2 - 3】 在命令窗口中计算表达式"Visual FoxPro　　"＋"学习"和"Visual FoxPro　　"－"学习"的值。

?"Visual FoxPro　　"＋"学习"

程序执行结果：

Visual FoxPro　　学习
?"Visual FoxPro　　"－"学习"

程序执行结果：

Visual FoxPro 学习

3. 日期表达式

日期表达式由日期运算符和算术表达式、日期型常量、日期型变量、函数等组成。日期型数据是一种特殊的数值型数据，它们之间只能进行"＋"或"－"运算，其运算结果取决于操作数。

格式 1：

〈日期〉＋〈表示天数的数值型数据〉

功能：〈日期〉和〈表示天数的数值型数据〉相加，结果为日期型数据。

【例 2－4】 计算表达式{^2012－03－16}＋3 的值。

? {^2012－03－16}＋3

程序执行结果：

03/19/12

格式 2：

〈日期〉－〈表示天数的数值型数据〉

功能：〈日期〉和〈表示天数的数值型数据〉相减，结果为日期型数据。

【例 2－5】 计算表达式{^2012－03－16}－3 的值。

? {^2012－03－16}－3

程序执行结果：

03/13/12

格式 3：

〈日期〉－〈日期〉

功能：〈日期〉和〈日期〉相减，结果为表示天数的数值型数据。

【例 2－6】 计算表达式{^2012/03/19}－{^2012/03/16}的值。

? {^2012/03/19}－{^2012/03/16}

程序执行结果：

3

4. 关系表达式

由关系运算符和常量、变量、函数等操作数构成,操作数的数据类型可以是数值型、字符型、日期型和逻辑型,其结果为逻辑型数值。

格式:

〈操作数 1〉〈关系运算符 1〉〈操作数 2〉[〈关系运算符 2〉〈操作数 3〉…]

【例 2 - 7】 计算表达式 2 * 4 + 6 > 10 的值。

? 2 * 4 + 6 > 10

程序执行结果:

.T.

🔊 **注意:**

运算符两边的数据类型必须一致,比较运算符 "=" 和 "==" 不同。在比较字符串时,"=="只有当两侧表达式完全相同时,"==" 才返回为真。而 "=" 的运算结果取决于系统项 SET EXACT ON|OFF 的设置:当此项设置为 "OFF" 时,只要右侧字符串为左侧字符串的前缀,结果就为真;当此项设置为 "ON" 时,两侧字符串表达式要完全相同时才为真,此时,"=" 相当于 "=="。

【例 2 - 8】 当 SET EXACT ON|OFF 设置为 "OFF" 时,计算表达式 "我爱北京天安门" = "我爱北京" 的值。

?"我爱北京天安门" = "我爱北京"

程序执行结果:

.T.

【例 2 - 9】 当 SET EXACT ON|OFF 设置为 "ON" 时,计算表达式 "我爱北京天安门" = "我爱北京" 的值。

?"我爱北京天安门" = "我爱北京"

程序执行结果:

.F.

5. 逻辑表达式

由逻辑运算符和圆括号、逻辑型常量、逻辑型变量、返回逻辑型数值的函数和表达式等操作数组成,其结果为逻辑型数值。

格式:

〈操作数 1〉〈逻辑运算符 1〉〈操作数 2〉[〈逻辑运算符 2〉〈操作数 3〉…]

【例 2 - 10】 计算表达式 .T. AND. F. 的值。

? .T. AND .F.

程序执行结果:

.F.

在逻辑表达式中,可以有多个运算符,这时需要根据运算符的优先级来决定运算顺序。逻辑运算符的优先级次序为

$$( )\qquad .\text{NOT}. \text{ 或 } .! . \qquad .\text{AND}. \qquad .\text{OR}.$$

高 ──────────────────────────────→ 低

2.2　Visual FoxPro 命令的一般格式

在 Visual FoxPro 中,程序除了提供可视化的操作环境外,还提供了传统的操作命令。Visual FoxPro 命令是一种对数据库系统进行操作的动词或短语,用于编写程序、建立和维护数据库、控制程序流程、数据的输入和输出以及响应用户操作等。Visual FoxPro 命令可以在 Visual FoxPro 命令窗口中单独运行,也可编制成程序成批运行,由命令和函数编写的程序可以实现对数据库系统的复杂操作,使数据库系统应用起来更加友好、方便。

2.2.1　命令格式

Visual FoxPro 的命令具有一定的格式,它是由命令动词和多个命令短语组成。

格式:

〈命令动词〉[FROM〈源文件〉][TO〈目标文件〉][〈范围〉][FOR〈条件表达式〉]
[WHILE〈条件表达式〉][FIELDS〈字段表〉]

说明:

(1)〈命令动词〉是关键字,表示要执行的操作。命令动词有 DISPLAY、SELECT、USE 等。而命令动词后面的命令短语[FROM〈源文件〉]和[TO〈目标文件〉],则表示命令短语的输入和输出目标。

(2)〈范围〉表示命令对操作目标及数据表中记录的操作范围,有以下 4 种选择。

① ALL:对所有记录进行操作。

② NEXT〈N〉:对本记录之后的第 N 条记录进行操作。

③ RECORD〈N〉:对第 N 条记录进行操作。

④ RESET:对当前记录之后的所有记录进行操作。

(3)FOR〈条件表达式〉和 WHILE〈条件表达式〉:〈条件表达式〉为逻辑表达式,用于对适用范围内的记录进行筛选并作为后期数据处理的对象。FOR 和 WHILE 的执行方式不同。

① FOR〈条件表达式〉:对范围内所有的记录按照条件进行筛选。

② WHILE〈条件表达式〉:从当前记录开始,按照记录号顺序依次向后进行筛选,直到不满足条件为止,一旦出现不符合条件的记录,命令将不再处理其余的记录。

(4)FIELDS〈字段表〉:通常数据表具有多个字段,而在对数据进行操作时,有时可能只需对具有某个属性的字段进行操作。例如,查找数据表中出生日期为 1999 年 12 月的

人员,如果对所有的字段进行查找是没有必要的,这时可以使用 FIELDS 限定只对表示出生日期的字段进行查找操作,以提高系统的工作效率。如果缺省,系统默认对数据表中除备注型和通用型字段外的所有字段进行操作。

> ◀» **注意:**
>
> 命令动词超过 4 个字符时,可以仅写前 4 个字符,但会造成程序的可读性差。

2.2.2　命令的书写规则

在输入命令时,应当遵循以下规则:

(1)命令必须以命令动词开始,其他部分的排序不影响命令功能;

(2)命令动词不区分大小写;

(3)命令动词和短语、短语和短语之间应当以空格隔开;

(4)不得用命令动词作为变量名、函数名和程序名;

(5)命令动词可以只写前 4 个字符;

(6)命令以行为单位,如果一行命令较长,可在命令行尾部填上";",另起一行续写;

(7)字段表的各字段名之间应用逗号隔开;

(8)除汉字外,各字符均应为英文半角符号,不能使用中文标点符号。

2.2.3　命令的注释

为了增加程序的可读性和可维护性,可在程序中适当增加注释。命令的注释部分用于简要说明命令行或某一模块的功用、变量和常量的含义、数据流的流向等。在程序运行时,系统不对注释语句进行任何操作,Visual FoxPro 的命令注释格式有 3 种:

格式 1:

&&〈注释内容〉

功能:通常用在命令行尾进行注释。

格式 2:

*〈注释内容〉

功能:通常用在命令行首进行注释。

格式 3:

NOTE〈注释内容〉

功能:通常用于行首注释,这种格式在关键字 NOTE 和内容之间要有一个空格。

> ◀» **注意:**
>
> 注释行内容不得包含定界符号;注释行最后一个字符不能为";",否则系统会认为下一行仍为注释行。

2.2.4 命令的执行

命令窗口用于接受用户输入的命令，是用户与 Visual FoxPro 进行交流的重要界面，用户在命令窗口内运行单条或者多条命令。

1. 单条命令的运行

运行单条命令时，在命令窗口中直接输入命令，然后回车，该命令就会执行，运行结果将在主窗口内显示。

2. 多条命令的运行

当需要在窗口内运行多条命令时，可以用鼠标选中所需要运行的命令，单击右键，选择菜单中的"运行所选区域"命令，如图 2-1 所示。这样，选择的多条命令就会自动运行，结果在主窗口内显示。

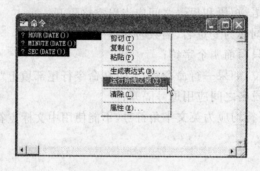

图 2-1 多条命令的执行

2.3 变 量

变量用于存储在数据处理过程中数据值会发生改变的数据。Visual FoxPro 包括内存变量、数组变量和字段变量 3 种变量。变量命名时应遵守如下规则：

（1）每个变量由汉字、字母、数字和下划线组成，不能用数字开头，且变量名长度不得超过 128 个字节；

（2）不能使用 Visual FoxPro 中的保留字。

> 📖 **提示：**
>
> 保留字是 Visual FoxPro 语言使用的命令名、函数名、关键字和系统内存变量等，共有 1563 个。

常见的保留字及其含义如表 2-3 所示。

表 2-3　常见保留字及其含义

保留字	含　义	保留字	含　义
CREATE	创建	DISTINCT	不重复
DATABASE	数据库	ASC/DESC	升序/降序
PROJECT	项目	ANY/SOME/ALL EXITS/NOT EXITS	查询语句中的量词和谓语
EXCLUSIVE/SHARED	独占/共享	UNION	两个表的集合
OPEN	打开	TOPNEXPR [PRECENT]	查询结果
CLOSE	关闭	COUNT（ ）/AVG（ ）/ SUM（ ）/MAX（ ）/MIN（ ）	查询统计
MODIFY	修改	INSERT INTO/ VALUES	添加记录
DELETE	删除	UPDATE SET	更新数据库
USE	打开	CREATE TABLE/DBF	创建数据表
STRUCTURE	框架/结构	CHECK ERROR	数据表中的有效性规则
ADD	添加	DEFAULT	数据表中的默认值
REMOVE	移除	PRIMARY KEY/ UNIQUE	主索引/候选索引
TABLE	表	POREIGF KEY… TAG…REFRENCE	建立普通索引的同时建立表间关联
BROWSE	浏览	DROP TABLE/DBF	删除数据库
EDIT/CHANGE	编辑改变	ALTER TABLE	修改数据表
REPLACE	替换	COLUMN	列
ALL/NEXT/RECORD/ RESET	范围	SET SYSMENU DEFAULT	设置系统菜单为默认状态
APPEND/INSERT	追加/插入	READ EVENTS	打开事件处理器
BLANK	空白	CLEAR EVENTS	清除事件处理器
PACK	整理	RELEASE MENU/ RELEASE POPUPS	清除菜单
RECALL	去除删除记录	LPARAMETERS	过程中定义局部变量
ZAP	删除所有记录	MODIFY COMMAND	建立修改程序文件

（续表）

保留字	含义	保留字	含义
LIST/DISPLAY	列表	WAIT/ACCEPT/ INPUT	输入信息
GOTO/GO/SHIP	移动指针	LOOP/EXIT	用于循环结构
LOCATE/CONTINUE	条件查找	PROCEDURE/ FUNCTION/RETURN	过程/子程序/自定 义函数/返回
INDEX	建立索引	LOCAL	定义局部变量
ASCENDING/ DESCENDING	升序/降序	PRIVATE	定义私有变量
UNIQUE/CANDIDATE	唯一/候选 索引	PUBLIC	定义公共变量
SET ORDER TO	设置当前 索引	DIMENSION/DECLEAR	定义数组
SET INDEX TO	打开索引	FIELDS	字段
SEEK	索引中查找	SORT	排序
SELECT	选择工作区	SET RELANTION TO	建立临时关系

2.3.1 数组变量

在 Visual FoxPro 中,用户可以根据需要定义一维和二维数组变量。数组变量是由一个或者若干个变量组成的集合,通过数组名和相应的下标对其进行赋值、读取和存储操作。

格式 1:

```
DIMENSION 〈数组名〉(〈下标 1〉,〈下标 2〉)
```

格式 2:

```
DECLARE 〈数组名〉(〈下标 1〉,〈下标 2〉)
```

这两种格式的功能相同。使用这两种方式可以同时定义多个数组,下标可使用方括号或者圆括号。下标约束了数组的大小,〈下标 1〉和〈下标 2〉表示数组的上限,系统默认数组下标的下限为 1。

【例 2-11】 利用 DIMENSION 定义 A、B 两个数组。

```
DIMENSION A(3),B(2,2)
```

该命令定义了 A 和 B 两个数组,A 数组是一维数组,有 3 个变量;B 数组是二维数组,有 4 个变量。在定义数组后,就可以对数组赋值。在给单个数组元素赋值时,需表明数组元素的下标,否则将给数组的所有元素赋值。

【例 2 - 12】 定义数组 B(2,2),并将 9 赋值给 B(2,1)这个元素。

```
DIMENSION B(2,2)
B(2,1) = 9
```

【例 2 - 13】 定义数组 B(2,2),并将 9 赋值给数组 B 的所有数组元素。

```
DIMENSION B(2,2)
B = 9
```

 注意:

在定义数组元素时,数组名不能与内存变量名重名。

2.3.2 字段变量

字段变量实际上是数据表中具有相同属性的多个数据字段的集合。字段变量是一个多值变量,它的值随着记录指针的移动而变化,如表 2 - 4 所示。

表 2 - 4 学生表

学 号	姓 名	专业编号	性 别	出生日期
010601	赵大国	21	男	07/25/86
010612	钱进	03	男	09/20/86
010221	孙静	03	女	02/02/85
010332	李子豪	42	男	06/05/87

在这个表格中,学号、姓名、专业编号、性别、出生日期都是字段变量,并且每个字段变量的数值会随着相应记录指针的变化而改变。

2.4 函 数

函数由函数名和自变量构成,对用户而言,Visual FoxPro 中的函数和数学中的常规函数没有区别,每个函数都能够完成一种数据运算或者数据处理功能。

格式:

函数名([参数 1][,参数 2][,参数 3]…)

函数主要具有以下特点:

(1)函数必定返回一个值;

(2)函数值从属于一种数据类型;

(3)函数可与其他数据组成表达式进行运算;

(4)需要给函数传递参数时,传递给函数参数的类型须与函数参数的类型一致;

(5)函数中可以嵌套其他函数;

(6)大部分函数有参数,少部分函数无参数。

Visual FoxPro 提供的系统函数有 380 多个,本节将对常见的数值类函数、字符类函数、数据转换类函数、日期和时间类函数、输入和输出类函数以及测试类函数这 6 类函数进行介绍。

2.4.1 数值类函数

1. 绝对值函数

格式:

ABS(〈数值表达式〉)

功能:返回〈数值表达式〉的绝对值。

【例 2-14】 计算数值表达式 4-7 的绝对值。

? ABS(4-7)

程序执行结果:

3

2. 取整函数

格式:

INT(〈数值表达式〉)

功能:返回〈数值表达式〉的整数部分。

【例 2-15】 计算数值 2.4 的整数部分。

? INT(2.4)

程序执行结果:

2

3. 符号函数

格式:

SIGN(〈数值表达式〉)

功能:返回〈数值表达式〉的符号。

【例 2-16】 计算数值-8 的符号。

? SIGN(-8)

程序执行结果:

-1

4. 取最值函数

格式 1：

MAX(〈数值表达式 1〉,〈数值表达式 2〉)

功能：返回〈数值表达式 1〉和〈数值表达式 2〉中的最大值。

【例 2 - 17】 计算 MAX(4,6)的值。

? MAX(4,6)

程序执行结果：

6

格式 2：

MIN(〈数值表达式 1〉,〈数值表达式 2〉)

功能：返回〈数值表达式 1〉和〈数值表达式 2〉中的最小值。

【例 2 - 18】 计算 MIN(4,6)的值。

? MIN(4,6)

程序执行结果：

4

5. 取余函数

格式：

MOD(〈数值表达式 1〉,〈数值表达式 2〉)

功能：返回〈数值表达式 1〉和〈数值表达式 2〉相除的余数。

【例 2 - 19】 计算 MOD(14,3)的值。

? MOD(14,3)

程序执行结果：

2

◄» 注意：

取余函数的返回值的符号取决于〈数值表达式 2〉的符号。

【例 2 - 20】 计算 MOD(14,−3)的值。

? MOD(14,−3)

程序执行结果：

−2

6. 四舍五入函数

格式：

ROUND(〈数值表达式 1〉,〈数值表达式 2〉)

功能：按〈数值表达式 2〉指定的小数点位数对〈数值表达式 1〉进行四舍五入。

【例 2-21】 计算 ROUND(3.1415926,5)的值。

? ROUND(3.1415926,5)

程序执行结果：

3.14159

7. 三角函数

格式 1：

COS(〈数值表达式〉)

功能：返回〈数值表达式〉的余弦函数值。

格式 2：

SIN(〈数值表达式〉)

功能：返回〈数值表达式〉的正弦函数值。

格式 3：

TAN(〈数值表达式〉)

功能：返回〈数值表达式〉的正切函数值。

> 注意：
>
> 求三角函数值时，需将角度值转换为弧度值进行计算。

8. 指数函数

格式：

EXP(〈数值表达式〉)

功能：返回以 e 为底数,〈数值表达式〉为指数的乘方值，即 e^〈数值表达式〉。

9. 对数函数

格式：

LOG(〈数值表达式〉)

功能：返回〈数值表达式〉的自然对数值。

10. 平方根函数

格式：

SQRT(〈数值表达式〉)

功能:返回〈数值表达式〉的平方根。

2.4.2 字符类函数

1. 大小写转换函数

格式 1:

LOWER(〈字符表达式〉)

功能:将〈字符表达式〉中的大写字母转换为小写字母。

【例 2-22】 将字符串"Visual FoxPro"转换为小写。

? LOWER("Visual FoxPro")

程序执行结果:

visual foxpro

格式 2:

UPPER(〈字符表达式〉)

功能:将〈字符表达式〉中的小写字母转换为大写字母。

【例 2-23】 将字符串"Visual FoxPro"转换为大写。

? UPPER("Visual FoxPro")

程序执行结果:

VISUAL FOXPRO

2. 取子串函数

格式 1:

LEFT(〈字符表达式〉,〈数值表达式〉)

功能:从〈字符表达式〉的左侧第 1 个字符开始,返回由〈数值表达式〉指定长度的字符串。

【例 2-24】 从"Visual FoxPro"字符串左侧取 6 个字符。

? LEFT("Visual FoxPro",6)

程序执行结果:

Visual

格式 2:

RIGHT(〈字符表达式〉,〈数值表达式〉)

功能:从〈字符表达式〉的右侧第 1 个字符开始,返回由〈数值表达式〉指定长度的字符串。

【例 2 - 25】 从"Visual FoxPro"字符串右侧取 6 个字符。

? RIGHT("Visual FoxPro",6)

程序执行结果：

FoxPro

格式 3：

SUBSTR(〈字符表达式〉,〈数值表达式 1〉,〈数值表达式 2〉)

功能：从〈字符表达式〉中截取一个子字符串,起点位置由〈数值表达式 1〉决定,截取长度由〈数值表达式 2〉决定；如果起点位置大于〈字符表达式〉的长度,则输出空字符串；如果截取长度为空或者大于〈字符表达式〉中剩余字符串的长度,则截取到字符串的结束位置。

【例 2 - 26】 从"Visual FoxPro"字符串第 3 个字符开始取两个字符。

? SUBSTR("Visual FoxPro",3,2)

程序执行结果：

su

3. 求字符串长度函数

格式：

LEN(〈字符表达式〉)

功能：测定〈字符表达式〉的长度。

【例 2 - 27】 计算"FoxPro"字符串的长度。

? LEN("FoxPro")

程序执行结果：

6

4. 空格处理函数

格式 1：

SPACE(〈数值表达式〉)

功能：产生由〈数值表达式〉指定个数的空格。

【例 2 - 28】 在字符串"Visual FoxPro"中的"Visual"后面插入 6 个空格。

? "Visual" + SPACE(6) + "FoxPro"

程序执行结果：

Visual   FoxPro

格式 2：

TRIM(〈字符表达式〉)

功能：返回删除〈字符表达式〉尾部空格后的字符串。

【例 2-29】 删除字符串"Visual FoxPro "中的尾部空格。

? TRIM("Visual FoxPro ")

程序执行结果：

Visual FoxPro

格式 3：

LTRIM(〈字符表达式〉)

功能：返回删除〈字符表达式〉首部空格后的字符串。

【例 2-30】 删除字符串" Visual FoxPro"中的首部空格。

? LTRIM(" Visual FoxPro")

程序执行结果：

Visual FoxPro

格式 4：

ALLTRIM(〈字符表达式〉)

功能：返回删除〈字符表达式〉首部和尾部空格后的字符串。

【例 2-31】 删除字符表达式" Visual FoxPro "中首部和尾部的空格。

? ALLTRIM(" Visual FoxPro ")

程序执行结果：

Visual FoxPro

5. 求子串位置函数

格式：

AT(〈字符表达式 1〉,〈字符表达式 2〉,〈数值表达式〉)

功能：返回〈字符表达式 1〉在〈字符表达式 2〉中第 N 次出现的位置，N 由〈数值表达式〉指定，如果〈数值表达式〉缺省，则系统默认获得〈字符表达式 1〉在〈字符表达式 2〉中第 1 次出现的位置。〈字符表达式 1〉和〈字符表达式 2〉比较时区分大小写。

【例 2-32】 计算字符串"is"在"This is Visual FoxPro"字符串中第 1 次出现的位置。

? AT("is","This is Visual FoxPro")

程序执行结果:

3

6. 字符串替换函数

格式:

STUFF(〈字符表达式 1〉,〈数值表达式 1〉,〈数值表达式 2〉,〈字符表达式 2〉)

功能:用〈字符表达式 2〉替换〈字符表达式 1〉中的字符,替换字符的起始位置由〈数值表达式 1〉决定,替换的字符个数由〈数值表达式 2〉指定。如果〈数值表达式 2〉缺省或者为 0,则直接在由〈数值表达式 1〉决定的起始位置插入〈字符表达式 2〉;如果〈字符表达式 2〉为空,则从〈字符表达式 1〉中删除由〈数值表达式 1〉和〈数值表达式 2〉指定的子串。

【例 2 - 33】 用"001"替换字符串"3.1415926"中的字符。

? STUFF("3.1415926",4,2,"001")

程序执行结果:

3.10015926

7. 统计字符串出现的次数函数

格式:

OCCURS(〈字符表达式 1〉,〈字符表达式 2〉)

功能:返回〈字符表达式 1〉在〈字符表达式 2〉中出现的次数。

【例 2 - 34】 统计字符串"is"在"This is Visual FoxPro"中出现的次数。

? OCCURS("is","This is Visual FoxPro")

程序执行结果:

3

8. 字符复制函数

格式:

REPLICATE(〈字符表达式〉,〈数值表达式〉)

功能:返回由〈字符表达式〉重复 N 次后的字符表达式,重复次数 N 由〈数值表达式〉决定。

【例 2 - 35】 将字符"A"重复 5 次后输出新字符。

```
? REPLICATE("A",5)
```

程序执行结果：

AAAAA

2.4.3 数据转换类函数

1. 字符转 ASCII 码值函数

格式：

ASCII(〈字符表达式〉)

功能：返回〈字符表达式〉左边第 1 个字符的 ASCII 码值。

【例 2 - 36】 计算字符串"aBC"左边第 1 个字符的 ASCII 码值。

```
? ASCII("aBC")
```

程序执行结果：

97

2. ASCII 码值转字符函数

格式：

CHR(〈数值表达式〉)

功能：将〈数值表达式〉转换为 ASCII 码值对应的字符。

【例 2 - 37】 将 97 转换为字符。

```
? CHR(97)
```

程序执行结果：

a

3. 字符转数值函数

格式：

VAL(〈字符表达式〉)

功能：将由数字、正负号和小数点组成的字符型数据转换为数值型数据。如果字符表达式由数字字符和小数点组成，则转换成相应的数值，但只保留两位小数；如果字符表达式由非数字字符打头，则转换为 0.00；如果字符表达式由数字字符打头，则舍弃非数字部分。

【例 2 - 38】 将字符串"1234VFP.5678"转换为数值。

```
? VAL("1234VFP.5678")
```

程序执行结果：

1234.00

4. 数值转字符串函数

格式：

STR(〈数值表达式 1〉[,〈数值表达式 2〉][,〈数值表达式 3〉])

功能：将〈数值表达式 1〉转换为字符串，长度由〈数值表达式 2〉指定，小数点后的位数由〈数值表达式 3〉决定。当〈数值表达式 2〉缺省时，系统默认整数位为 10 位，如果〈数值表达式 3〉缺省，则转换为整数型。

【例 2 - 39】 将数值 3.1415926 转换为字符串。

? STR(3.1415926,3,1)

程序执行结果：

3.1

> 📢》 **注意：**
>
> 正负号和小数点各占一位。若指定的长度小于整数部分，则返回指定长度个"＊"，表示系统出错。

5. 字符转日期函数

格式：

CTOD(〈字符表达式〉)

功能：将日期格式的字符串转换为相应日期。

【例 2 - 40】 将字符串"03/21/12"转换为日期。

? CTOD("03/21/12")

程序执行结果：

03/21/12

6. 字符转时间函数

格式：

CTOT(〈字符表达式〉)

功能：将符合日期时间型格式的字符串转换为相应日期时间。

【例 2 - 41】 将字符串"03/21/12"转换为日期时间。

? CTOT("03/21/12")

程序执行结果：

03/21/12 12：00：00 AM

7. 日期转字符函数

格式:

DTOC(〈日期表达式〉[,1])

功能:将〈日期表达式〉转换为相应的字符串。当参数 1 缺省时,直接将表达式转换为字符;不缺省时,将〈日期表达式〉转换为数值型字符串。

【例 2-42】　将当前系统日期转为字符函数。

? DTOC(DATE( ))
? DTOC(DATE( ),1)

程序执行结果:

03/21/12
20120321

8. 时间转字符函数

格式:

TTOC(〈日期时间表达式〉[,1])

功能:将〈日期时间表达式〉转换为相应的字符串。当参数 1 缺省时,直接将表达式转换为字符;不缺省时,将〈日期时间表达式〉转换为数值型字符串。

【例 2-43】　将当前系统日期转为字符函数。

? TTOC(DATE( ))
? TTOC(DATE( ),1)

程序执行结果:

03/21/12 12：00：00 AM
20120321000000

2.4.4　日期和时间类函数

1. 系统日期函数

格式:

DATE( )

功能:获取当前系统日期。

【例 2-44】　获取当前系统日期。

? DATE( )

程序执行结果:

03/21/12

2. 系统时间函数

格式：

```
TIME( )
```

功能：获取当前系统时间。

【例 2 - 45】 获取当前系统时间。

```
? TIME( )
```

程序执行结果：

```
13：18：24
```

3. 系统日期时间函数

格式：

```
DATETIME( )
```

功能：获取当前系统日期时间。

【例 2 - 46】 获取当前系统日期时间。

```
? DATATIME( )
```

程序执行结果：

```
03/21/12  01：22：56  PM
```

4. 年、月、日函数

格式 1：

```
YEAR(〈日期表达式〉)
```

功能：获取〈日期表达式〉的年份值。

格式 2：

```
MONTH(〈日期表达式〉)
```

功能：获取〈日期表达式〉的月份值。

格式 3：

```
DAY(〈日期表达式〉)
```

功能：获取〈日期表达式〉的日期号。

【例 2 - 47】 分别获取当前系统的年、月、日。

```
? YEAR(DATE( ))
? MONTH(DATE( ))
? DAY(DATE( ))
```

程序执行结果：

2012

3

21

5. 求星期几函数

格式 1：

DOW(〈日期表达式〉)

功能：根据〈日期表达式〉返回其是一个星期中的第几天。

格式 2：

CDOW(〈日期表达式〉)

功能：根据〈日期表达式〉返回英文的星期几。

【例 2-48】 获取当前系统日期的星期几。

? DOW(DATE( ))

? CDOW(DATE( ))

程序执行结果：

5

Thursday

📢 **注意：**

在求星期几函数中，1 表示星期日，2 表示星期一，依此类推。

---

6. 时间函数

格式 1：

HOUR(〈日期时间表达式〉)

功能：获取〈日期时间表达式〉的小时数。

格式 2：

MINUTE(〈日期时间表达式〉)

功能：获取〈日期时间表达式〉的分钟数。

格式 3：

SEC(〈日期时间表达式〉)

功能：获取〈日期时间表达式〉的秒数。

【例 2-49】 获取当期系统时间的小时数、分数和秒数。

? HOUR(DATE ( ))

? MINUTE(DATE ( ))

? SEC(DATE ( ))

程序执行结果：

13

39

24

2.4.5 输入和输出类函数

1. INKEY 函数

格式：

INKEY([〈数值表达式〉][,〈功能字符〉]])

功能：等待用户按键，等待事件由〈数值表达式〉决定（单位为 s），返回由按键而产生的一个整数值。

说明：

(1)函数 INKEY()不仅能返回用户按键的 ASCII 码值，还能够接受键盘上各种不同的控制键。

(2)用户的按键都送入键盘缓冲区内，若缓冲区内有多个键码，则返回第一个被输入的键码，并从缓冲区内去掉该键码。

(3)若超过了时间而用户仍未按键，则返回数值 0。

(4)若〈数值表达式〉为 0，则表示无限期等待，直到用户按键为止；若〈数值表达式〉缺省，则表示不等待，直接返回数值 0。

(5)如果没有按下键，则函数 INKEY( )返回数值 0；如果键盘缓冲区中有多个键，函数 INKEY( )只返回第一个输入到缓冲区的键的值。

(6)〈功能字符〉选项用于控制光标的显示或者隐藏，也可用于检查鼠标的状态，功能字符的含义如下。

① S：显示光标；

② H：隐藏光标；

③ M：检测鼠标的状态。

部分单键及单键与 Shift、Ctrl 和 Alt 的组合键时函数 INKEY( )的返回值如表 2-5 所示。

表 2-5 部分单键及单键与 Shift、Ctrl 和 Alt 组合键的返回值

键 名	单 键	Shift	Ctrl	Alt
F1	28	84	94	104
F2	−1	85	95	105
F3	−2	86	96	106

（续表）

键 名	单 键	Shift	Ctrl	Alt
F4	—3	87	97	107
F5	—4	88	98	108
F6	—5	89	99	109
F7	—6	90	100	110
F8	—7	91	101	111
F9	—8	92	102	112
F10	—9	93	103	113
F11	133	135	137	139
F12	134	136	138	140
Insert	22	22	146	162
Home	1	55	29	151
Delete	7	7	147	163
End	6	49	23	159
Page Up	18	57	31	153
Page Down	3	51	30	161
Up Arrow	5	56	141	152
Down Arrow	24	50	145	160
Right Arrow	4	54	2	157
Left Arrow	19	52	26	155

2. MessageBox 函数

格式：

MessageBox(〈字符串〉[,〈对话框类型〉][,〈对话框标题字符串〉]])

功能：显示一个用户自定义对话框。

说明：

① 字符串：指定在对话框中显示的文本，作为提示信息出现。

② 对话框类型：对话框的属性，当省略对话框类型时，其值为 0。对话框类型常见属性及功能如表 2 - 6 所示。

表 2－6　对话框类型常见属性及功能

属性类别	属性	功能
设置按钮属性	0	显示"确定"按钮
	1	显示"确定"和"取消"按钮
	2	显示"确定"、"重试"和"取消"按钮
	3	显示"是"、"否"和"取消"按钮
	4	显示"是"和"否"按钮
	5	显示"重试"和"取消"按钮
设置图标	16	显示❌图标
	32	显示❓图标
	48	显示⚠图标
	64	显示ℹ图标
设置默认按钮	0	第一个按钮为默认按钮
	256	第二个按钮为默认按钮
	512	第三个按钮为默认按钮

③ 对话框标题字符串：对话框窗口标题，指定对话框窗口标题栏中的文本。若省略，标题栏中将显示"Microsoft Visual FoxPro"。

【例 2－50】　利用 MessageBox 函数自定义"退出"对话框。

? MessageBox("退出系统?",1＋32＋0,"退出")

运行结果如图 2－2 所示。

图 2－2　自定义"退出"对话框

2.4.6　测试类函数

1. 数据类型测试函数

格式：

VARTYPE(〈表达式〉,[〈逻辑表达式〉])

功能：用来测试〈表达式〉的数据类型，返回代表数据类型的字母。常用字母的含义如表 2－7 所示。

说明：

(1)若〈表达式〉为数组，则根据数组的第一个数组元素返回数据类型。

(2)如果〈表达式〉的结果为 NULL 值，则根据〈逻辑表达式〉来决定返回结果。

(3)当〈逻辑表达式〉为真时，则返回〈表达式〉的原数据类型；如果〈表达式〉为假或者为空，则返回结果为 X。

表 2-7　函数 VARTYPE( )结果

返回字符	数据类型	返回字符	数据类型
C	字符型或备注型	G	通用型
N	数值型、整型、浮点型或双精度型	D	日期型
Y	货币型	T	日期时间型
L	逻辑型	X	NULL 值
O	对象型	U	未定义

【例 2-51】 测试变量 A 的数据类型。

```
STORE NULL TO A
? VARTYPE(A)
? VARTYPE(A,.T.)
```

程序执行结果：

```
X
L
```

2. 空值测试函数

格式：

```
ISNULL(〈表达式〉)
```

功能：判断〈表达式〉的值是否为 NULL 值，如为 NULL，返回 .T. ；否则返回 .F. 。

【例 2-52】 测试变量 A 的值是否为空。

```
A = NULL
? ISNULL(A)
```

程序执行结果：

```
.T.
```

3. 值域测试函数

格式：

```
BETWEEN(〈测试表达式〉,〈下限表达式〉,〈上限表达式〉)
```

功能：判断〈测试表达式〉是否介于相同数据类型的两个表达式值之间，如果测试数值在上、下限之间,返回 . T. ;否则返回 . F. 。

4. 测试当前记录号函数

格式:

RECNO(〈数值表达式〉)

功能:给出〈数值表达式〉指定工作区中当前打开数据库的记录号。如果〈数值表达式〉缺省,则给出当前工作区数据库的记录号;如果指定的工作区内没有打开数据库文件,则返回 0。

5. 测试表文件记录数函数

格式:

RECOUNT(〈数值表达式〉)

功能:测试〈数值表达式〉指定工作区中数据库的记录个数。如果〈数值表达式〉缺省,则给出当前工作区数据库的记录个数;如果指定的工作区内没有打开数据库文件,则返回 0。

6. 检索测试函数

格式:

FOUND(〈数值表达式〉)

功能:返回在〈数值表达式〉指定工作区中检索数据的结果。如果查找成功,返回 . T. ;否则返回 . F. 。

7. 测试表字段数函数

格式:

FCOUNT(〈数值表达式〉)

功能:返回当前表的字段数。

8. 测试文件头函数

格式:

BOF(〈数值表达式〉)

功能:测试〈数值表达式〉指定工作区中库文件记录指针是否指向起始位置,如果指向起始位置则返回 . T. ,否则返回 . F. ;如果〈数值表达式〉缺省,则测试当前工作区数据库文件;如果指定的工作区内没有打开数据库文件,则返回 0。

9. 测试文件尾函数

格式:

EOF(〈数值表达式〉)

功能:测试〈数值表达式〉指定工作区中库文件记录指针是否指向结束位置,如果指向结束位置则返回 . T. ,否则返回 . F. ;如果〈数值表达式〉缺省,则测试当前工作区数据库文件；如果指定的工作区内没有打开数据库文件，则返回 0。

10. 表文件测试函数

格式：

FILE(〈文件名〉)

功能：测试指定的磁盘文件是否存在，若存在则返回 . T. ；否则返回 . F. 。

11. 记录大小测试函数

格式：

RECSIZE(〈数值表达式〉)

功能：测试〈数值表达式〉指定工作区中数据库记录的长度（字节数），如果〈数值表达式〉缺省时，则在当前工作区测试；若〈数值表达式〉指定的工作区没有打开数据库文件，则返回 0。

小 结

Visual FoxPro 的数据类型、运算符、常量、变量和表达式是构成程序的基本要素，是编写应用程序最基本的组成单元。主要内容如下：

(1)基本数据类型包括字符型、货币型、数值型等 13 种。

(2)常量的基本类型包括数值型、字符型、货币型、逻辑型、日期型和日期时间型常量。

(3)运算符的功能和运算的优先级。

(4)表达式的类型、格式和功能。

(5)Visual FoxPro 命令的格式、书写规则和执行方式。

(6)常见函数的格式、功能、函数自变量和函数返回值的类型。

练 习 题

选择题

1. 在下面的 Visual FoxPro 表达式中，运算结果为逻辑真的是( )。

 A. EMPTY(NULL)   B. LIKE("acd","ac?")

 C. AT("a","123abc")   D. EMPTY(SPACE(2))

2. EOF( )是测试函数，当正使用的数据表文件的记录指针已达到尾部，其函数值为( )。

 A. 0   B. 1   C. . T.   D. . F.

3. 设 D＝6，命令？VARTYPE(D)的输出值是( )。

 A. L   B. C   C. N   D. D

4. 连续执行以下命令之后，最后一条命令的输出结果是( )。

SET EXACT OFF

X = "A"

? IIF("A" = X,X − "BCD",X + "BCD")

A. A   B. BCD   C. ABCD   D. A BCD

5. 以下日期值正确的是( )。

     A. {"2001－05－25"}   B. {^2001－05－25}

     C. {2001－05－25}   D. {[2001－02－25]}

6. ? LEN("计算机")<LEN("COMPUTER")结果是( )。

     A. .T.   B. .F.

     C. .NULL.   D. 没有正确答案

7. 设有变量 pi＝3.1415926,执行命令? ROUND(pi,3)的显示结果为( )。

     A. 3.141   B. 3.142   C. 3.140   D. 3.000

8. 在下列函数中,函数返回值为数值的是( )。

     A. EOF( )   B. CTOD("01/01/96")

     C. AT("人民","中华人民共和国")   D. SUBSTR(DTOC(DATE( )),7)

9. 在下面数据类型中,默认值为 .F. 的是( )。

     A. 数值型   B. 字符型   C. 逻辑型   D. 日期型

10. 关于 Visual FoxPro 的变量,下面说法中正确的是( )。

     A. 使用一个简单变量之前要先声明或定义

     B. 数组中各数组元素的数据类型可以不同

     C. 定义数组以后,系统为数组的每个数组元素赋予数值为 0

     D. 数组元素的下标下限是 0

11. 下列表达式中,不符合规定的是( )。

     A. {^99/03/22}   B. .T.+.t.   C. str(123)   D. X＊3>14

填空题

1. 表达式 35%2^3 的运算结果是( )。

2. 若在一个运算表达式中,a. 逻辑运算、b. 关系运算和 c. 算术运算混合在一起,其中不包括括号,它们的运算顺序是( )。

3. 子串定位函数 AT("教授","副教授")的值是( )。

4. L 型字段的宽度,系统固定为( )个字节。

5. 表达式 YEAR(DATE( )+10)值的数据类型为( )。

6. 执行命令? TYPE("YEAR(DATE( ))")后的结果是( )。

7. 执行命令?"南京"+SUBSTR("苏州大学商学院",5,4)后的结果是( )。

8. 字符串长度函数 LEN(SPACE(5)－"abcd")的值是( )。

9. 在 Visual FoxPro 中说明数组之后,数组的每个元素在未赋值之前的默认值是( )。

10. 命令? LEN("THIS IS MY BOOK")执行后的结果是( )。

11. 命令? ROUND(337.2007,3)执行后的结果是( )。

12. 命令? LOWER("Xy2A")执行后的结果是( )。

13. 下列命令执行后的结果是( )。

     STORE －100 TO X

     ? SIGN(X) ＊ SQRT(ABS(X))

14. 表达式? STUFF("GOODBOY",5,3,"GIRL")执行后的结果是( )。

15. 假设当前系统日期为 2012－6－16,下列命令执行后的结果是( )。

     ? VAL(SUBSTR("1999",3) + RIGHT(STR(YEAR(DATE( ))),2)) +17

第3章
数据库与表

Visual FoxPro 的数据库是一个与特定应用相关的数据集合,包含若干个相关的数据表及各表之间的联系等信息。此外,Visual FoxPro 的数据库还提供了一个操作环境,便于用户对库中各数据表的数据进行集中统一的管理。用户可在该环境中为库中的数据表设置各种字段属性,建立字段和记录的有效性规则,并可创建数据表之间的永久关系和参照完整性等。本章将介绍数据库的建立,并完成表的建立、记录的添加和其他相关的数据库和表的基本操作。

3.1　Visual FoxPro 数据库设计概述

3.1.1　Visual FoxPro 数据库的概念

数据库是数据的集合。在 Visual FoxPro 中,通过数据库将表、视图等各类数据统一管理。在建立 Visual FoxPro 的数据库时,相应的数据库文件的扩展名为 .dbc,同时还会自动建立一个扩展名为 .dct 的数据库备注文件和扩展名为 .dcx 的数据库索引文件。当数据库建立完成后,可以在用户文件夹下看到扩展名为 .dbc、.dct 和 .dcx 的 3 个文件,这 3 个文件是供 Visual FoxPro 数据库管理系统使用的,用户一般不直接使用这些文件。

3.1.2　Visual FoxPro 数据库的设计

在数据库应用系统中,数据库的设计是一项非常重要的工作。数据库性能的优劣将直接影响到应用系统的性能。在数据库的设计过程中,应采用规范化的设计方案。

1. 分析数据需求

首先明确数据库的目的和如何使用数据库,以确定需要保存哪些主题的信息(数据表)、每个主题需要保存哪些信息(数据表中的字段),然后设计出相应的数据库、表及索引等。

2. 确定数据表

经过数据需求分析后,接下来是确定数据库中需要哪些数据表,并分析和确定各表间的关系。确定数据库中的数据表是设计过程中技巧性最强的一步。因为用户一般只能提供一些离散的数据、不确定的主题等内容,期望得到想要的结果(如查询及统计数据、打印的报表、使用的表单等)。设计人员需要根据用户提供的信息,确定需要哪些主题(数据表)、主题结构、主题间的关系。将不同主题的信息存放到不同的数据表中,可以提高对数据的组织和维护效率,实现对数据的完整性约束。

3. 确定数据表所需字段

一个数据表是由若干条记录组成的,每一条记录由若干属性相同的字段组成。一个主题(数据表)确定之后,就需要确定一个主题(数据表)所需要的字段,以及各字段的相应属性(名称、数据类型和宽度等)。对一个主题(数据表)所需字段的确定应考虑:字段的唯一性、与主题的相关性、使用主关键字、搜集所需全部信息、以最小逻辑位存储信息等方面。

4. 确定各数据表之间的关系

数据库的各个数据表之间是相关的,存在一定的关系。

5. 完善数据库

在设计数据库时,由于信息本身的复杂冗长和时间变化会造成设计时考虑不周,设计出来的数据库会存在一些问题。这就需要设计时在数据表中加入恰当的示例,对数据库中的表进行适当的操作,以检验各数据的合法性、合理性,以完善数据库的设计。

3.2　数据库建立及基本操作

3.2.1　建立数据库

建立数据库有如下 3 种常用方法。

(1)在项目管理器中建立数据库

① 在"数据"选项卡或者"全部"选项卡中选择"数据库"选项,单击"新建"按钮,打开"新建数据库"对话框,如图 3-1 所示。单击"新建数据库"按钮,打开"创建"对话框,在"数据库名"文本框中输入数据库的名称"学生 . dbc",如图 3-2 所示。

② 单击"保存"按钮,完成数据库的建立,并打开"数据库设计器"窗口,如图 3-3 所示。

(2)利用"新建"对话框建立数据库

选择"文件"→"新建",打开"新建"对话框,选择"数据库"项,单击"新建文件"按钮,后面的操作步骤与在项目管理器中建立数据库的步骤相同,此处不再具体介绍。

(3)使用命令建立数据库

格式:

CREATE DATABASE [〈数据库文件名〉|?]

功能：建立一个数据库。

说明：

① 不指定数据库名称或使用"?"，都会打开"创建"对话框，请用户输入数据库名称。

② 使用命令建立数据库后，不打开数据库设计器，但此时数据库处于打开状态，不必再用 OPEN DATABASE 命令来打开数据库。

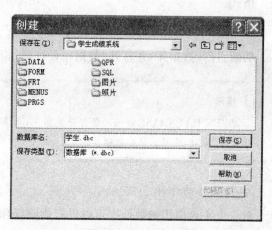

图 3-1 "新建数据库"对话框　　　　　图 3-2 "创建"对话框

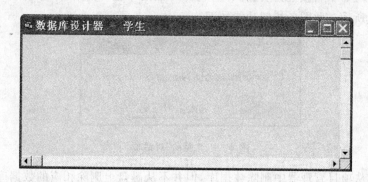

图 3-3 "数据库设计器"对话框

3.2.2 编辑数据库

1. 数据库的打开

打开数据库是指将数据库调入内存，并不打开"数据库设计器"窗口。

格式：

OPEN DATABASE [〈数据库文件名〉|?][EXCLUSIVE|SHARED|NOEDIT]

功能：打开一个数据库到内存。

说明：

① 如果省略〈数据库文件名〉，将弹出"打开"对话框，即可选择要打开的数据库文件。

② 打开方式：EXCLUSIVE 表示独占，SHARED 表示共享，NOEDIT 表示只读；若

省略则表示以独占方式打开。

2. 数据库的修改

数据库的修改都是在"数据库设计器"窗口中完成的,故数据库的修改就是打开"数据库设计器"窗口。

格式:

MODIFY DATABASE [〈数据库文件名〉|?]

功能:打开数据库,并打开"数据库设计器"窗口供用户修改。

📖 **提示:**

OPEN DATABASE 命令只是打开数据库,而 MODIFY DATABASE 不仅可以打开"数据库设计器"窗口,还可以修改数据库。

---

3. 数据库的删除

对一个不再使用的数据库可以进行删除操作,删除数据库有如下两种方法。

(1)从项目管理器中删除数据库

在项目管理器中直接选择要删除的数据库,然后单击"移去"按钮,打开"提示"对话框,如图 3-4 所示。此图各按钮功能如下。

图 3-4 "提示"对话框

① 移去:从项目管理器中删除数据库,但并不从磁盘上删除相应的数据库文件。

② 删除:从项目管理器中删除数据库,并从磁盘上删除相应的数据库文件。

③ 取消:取消当前的操作,即不进行删除数据库的操作。

🔊 **注意:**

无论是删除数据库,还是移去数据库,都没有删除数据库中的表等对象。要在删除数据库的同时删除其中的表等对象,需要用命令方式删除。

---

(2)使用命令删除数据库

格式:

DELETE DATABASE [〈数据库文件名〉|?] [DELETE TABLES] [RECYCLE]

功能:删除一个数据库文件。

说明：

① 〈数据库文件名〉表示要从磁盘上删除的数据库文件名，此时的数据库必须处于关闭状态；如果省略〈数据库文件名〉或用"?"代替〈数据库文件名〉，系统会弹出"打开"对话框，请用户选择要删除的数据库文件。

② DELETE TABLES 指在删除数据库文件的同时还要从磁盘上删除该数据库所含的表文件(.dbf)等。

③ RECYCLE 表示将删除的数据库文件和表文件等放入 Windows 的回收站中，在需要时可以还原它们。

4. 数据库的关闭

数据库文件操作完成或暂时不用时，必须将其关闭，保存在外部存储器中以确保数据的安全。关闭数据库文件有如下两种方法。

(1)利用项目管理器关闭数据库

在"项目管理器"窗口，打开已建立的项目文件，选择"数据"→"数据库"，选择需要关闭的数据库，单击"关闭"按钮。

📖 **提示：**

使用该方法关闭选定的数据库后，"常用"工具栏上的"当前数据库"下拉列表框中该数据库名称消失，同时在项目管理器中"关闭"按钮变成"打开"按钮。

(2)使用命令关闭数据库

格式：

CLOSE [DATABASE|ALL]

功能：关闭当前打开的数据库。

说明：

① DATABASE 表示关闭当前数据库和数据库表；如果当前没有打开的数据库，则关闭所有打开的自由表、工作区内所有的索引和文件。

② ALL 表示关闭所有对象，如数据库、表、索引、项目管理器等。

3.3　数据的完整性

在数据库中，数据完整性是指保证数据正确的特性，数据完整性一般包括实体完整性、域完整性、参照完整性等，Visual FoxPro 提供了实现这些完整性的方法和手段。

3.3.1　实体完整性与主关键字

实体完整性是保证表中记录唯一的特性，即在一个表中不允许有重复的记录。在 Visual FoxPro 中利用主关键字或候选关键字来保证表中的记录唯一，即保证实体完整性。

如果一个字段的值或几个字段的值能够唯一标识表中的一条记录,则这样的字段称为候选关键字。在一个表中可能会有几个具有这种特性的字段或字段的组合,可以从中选择一个作为主关键字。

在 Visual FoxPro 中将主关键字称为主索引,将候选关键字称为候选索引,主索引和候选索引具有相同的作用。

3.3.2 域完整性与约束规则

域是指字段的取值范围。对数值型字段,通过指定不同的宽度说明不同范围的数值数据类型,从而可以限定字段的取值类型和取值范围。但这些对域完整性还远远不够,还可以用一些域约束规则来进一步保证域完整性。域约束规则也称为字段有效性规则,在插入或修改字段值时被激活,主要用于检验数据输入的正确性。

建立字段有效性规则比较简单直接的方法仍然是在"表设计器"窗口中建立,在表设计器的"字段"选项卡中有一组定义字段有效性规则的项目,它们包括"规则"(字段有效性规则)、"信息"(违背字段有效性规则时的提示信息)和"默认值"(字段的默认值)3 项。

3.3.3 参照完整性与表之间的联系

当一个数据表中的数据或记录发生变化时(例如,删除记录、更改数据等),与之相关的其他数据表中的同一数据或记录并没有一起发生相应的变化,从而出现数据的不一致。为保证存储在不同表中的数据的一致性,Visual FoxPro 系统允许设置数据表间的参照完整性,来控制数据库中各相关表间数据的一致性或完整性。参照完整性属于表间规则,在建立参照完整性之前应先建立表之间的联系。

1. 建立表之间的联系

表之间的联系是基于索引建立的一种永久关系,这种联系被作为数据库的一部分保存在数据库中。当在"查询设计器"或"视图设计器"中使用表时,这种永久关系将作为表之间默认的联接条件保持数据库表之间的联系。表之间的联系在数据库设计器中显示为表索引之间的连线。

在数据库的两个表间建立联系时,要求两个表的索引中至少有一个是主索引或候选索引。一般地,父表建立主索引,而子表中的索引类型决定了要建立的永久关系类型。如果子表中的索引类型是主索引或候选索引,则建立起来的就是一对一关系。如果子表中的索引类型是普通索引,则建立起来的就是一对多关系,如图 3-5 所示。操作步骤如下:

(1)鼠标左键选中父表"学生表"的主索引标识"学号",保持并按住鼠标左键,拖曳至子表"成绩表"的索引标识"学号"处,松开鼠标左键,两个表之间产生一条连线,"学生表"和"成绩表"一对多的永久关系建立完成。

(2)同样方法建立"专业表"和"学生表"一对多的永久关系。

(3)如果需要编辑修改或删除已建立的联系,可以单击关系连线,此时连线变粗,用鼠标右键单击连线,从弹出的快捷菜单中选择"编辑关系"或"删除关系"命令,可以编辑或删除永久关系。

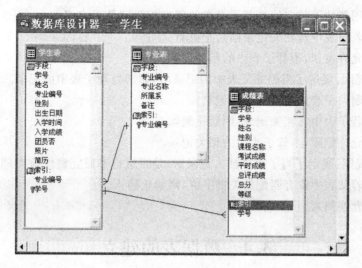

图 3-5 包含永久关系的"数据库设计器"窗口

2. 设置参照完整性约束

在数据库中的表之间建立永久联系后,可以设置参照完整性。参照完整性的含义是,对于具有永久联系的数据库表,当对一个表插入、删除或修改数据时,自动参照引用相互关联的另一个表中的数据,以检查对表的数据操作是否正确。

Visual FoxPro 提供一个参照完整性生成器,根据用户要求生成参照完整性规则以保证数据的完整性。在建立参照完整性约束之前首先必须清理数据库,所谓清理数据库是物理删除数据库各个表中所有带删除标记的记录。操作步骤如下:

打开数据库设计器,选择"数据库"→"清理数据库"命令。选择"数据库"→"编辑参照完整性",打开"参照完整性生成器"对话框,如图 3-6 所示。参照完整性规则包括"更新规则"、"删除规则"和"插入规则"。

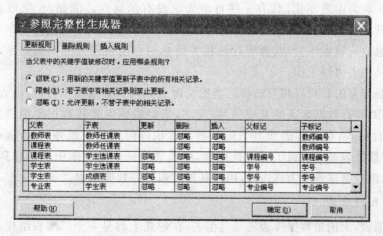

图 3-6 "参照完整性生成器"对话框

(1)更新规则:规定了当更新父表中的联接字段(主关键字)值时,如何处理相关的子表中的记录。

① 级联：用新的关键字值更新子表中的所有相关记录。

② 限制：若子表中有相关记录则禁止更新。

③ 忽略：允许更新，不管子表中的相关记录。

(2)删除规则：规定了当删除父表中的记录时，如何处理子表中的记录。

① 级联：删除子表中的所有相关记录。

② 限制：若子表中有相关记录，则禁止删除。

③ 忽略：允许删除，不管子表中的相关记录。

(3)插入规则：规定了当子表中插入记录时，是否进行参照完整性检查。

① 限制：若父表中没有匹配的关键字值，则禁止插入。

② 忽略：允许插入。

3.4 数据表的建立

3.4.1 基本概念

1. 数据表和数据库

在 Visual FoxPro 中，表是收集和存储信息的基本单元，所有的工作都是在数据表的基础上进行的。数据库是表的集合，它控制这些表协同工作，共同完成某项任务。因此，Visual FoxPro 中的表和库是两个不同的概念。

2. 数据表的类型

在 Visual FoxPro 中，根据表是否属于数据库，可以把表分为两类：

(1)数据库表：属于某一数据库的表；

(2)自由表：不属于任何数据库而独立存在的表。

数据库表和自由表相比，具有一些自由表所没有的属性。例如，长字段名、主关键字、触发器、默认值、表关系等。在设计应用程序时，如果想让多个数据库共享一些信息，应将这些信息放入数据库表，或者将存放相关信息的自由表移入某一数据库，以便和该数据库中的其他表协同工作。

数据库表和自由表可以相互转换。当把自由表加入到数据库中时，自由表就变成了数据库表，同时具有数据库表的某些属性；反之，当将数据库表从数据库中移去时，数据库表就变成自由表，数据库表所具有的某些属性也同时消失。此外，在 Visual FoxPro 中，任何一个数据表都只能属于一个数据库，如果要将一个数据库中的表移到其他数据库，必须先将该数据库表变为自由表，再将其加入到另一数据库中。

3. 数据表的结构

一个数据表，无论是数据库表还是自由表，在形式上都是一个二维表结构，表文件以.dbf 为扩展名存储在磁盘上。

表中的每一列称为一个字段，每一行称为一条记录。确定表中的字段，主要是为每个字段指定名称、数据类型和宽度等，这些信息决定了数据在表中是如何被标识和保存的。

(1)字段名

字段名即关系的属性名或表的列名。字段名一般是以英文字母或汉字开头,由字母、汉字、数字或下划线组成,但不能使用空格字符;自由表中的字段名长度不超过 10 个英文字符,数据表中的字段名不能超过 128 个英文字符;在同一个表中,各字段名不能重复。

(2)字段类型

字段的数据类型应与存储在其中的信息类型相一致。数据表中可存放大量的信息,并提供丰富的数据类型,这些数据可以是一段文字、一组数值、一幅图像或声音等。当不同类型的数据存入一个字段时,应采取相应的数据处理方法。

(3)字段宽度及小数位数

字段宽度用来设置对应字段存放数据时所需要字符的宽度,以英文字符为准,一个汉字占两个英文字符的宽度。数值型数据还应设置小数位数;对于日期型、日期时间型、逻辑型、备注型、通用型、备注型(二进制)、字符型(二进制)数据的宽度,用户不需要定义,其可按系统规定的宽度进行处理。

(4)空值(NULL 值)

该项的作用是用户在输入记录时,字段值是否允许为空,即暂时不输入数据(NULL值就是无明确的值)。如果某字段不允许为 NULL 值,则输入数据时必须输入相应的数据,否则被认为是默认值(如数值型为 0、字符型为空串等);当允许为 NULL 值时,可暂时不输入数据值,系统不会出现错误提示信息。

3.4.2　自由表的建立

自由表是不属于任何数据库的表,所有 FoxBASE 或早期版本创建的 .dbf 文件都是自由表。在确定当前没有打开的数据库时建立的表即为自由表,建立自由表有如下 3 种方法。

(1)在项目管理器中建立自由表

① 在"数据"选项卡中,选择"自由表"→"新建",打开"新建表"对话框,如图 3-7 所示。

② 单击"新建表"按钮,打开"创建"对话框,如图 3-8 所示,在"输入表名"文本框中输入自由表文件名"奖学金表 . dbf"。

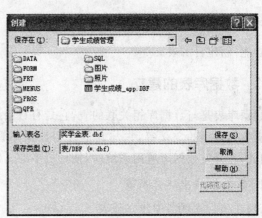

图 3-7　"新建表"对话框　　　　图 3-8　"创建"对话框

③ 单击"保存"按钮,打开"表设计器"窗口,完成字段名、类型、宽度和小数位数的设置,如图3-9所示。输入完成后,单击"确定"按钮,打开"提示"对话框,如图3-10所示,单击"否"按钮,结束表结构的建立。

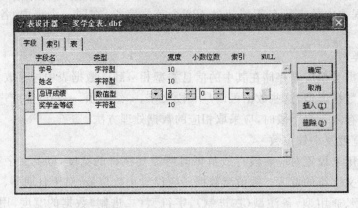

图3-9 自由表的"表设计器"对话框

图3-10 "提示"对话框

(2)利用"文件"菜单建立自由表

① 确定当前没有打开的数据库,选择"文件"→"新建"命令,打开"新建"对话框。

② 选择"表"项,单击"新建文件"按钮,打开"创建"对话框,后面的操作步骤与在项目管理器中建立自由表的步骤相同,此处不再具体介绍。

(3)使用命令建立自由表

格式:

CREATE [〈自由表文件名〉|?]

功能:创建自由表。

3.4.3 数据库表的建立

数据库表是与数据库相关联的表,它具有自由表没有的一些属性。例如,长字段名、数据有效性规则的定义等,它与其他大型数据库管理系统更相近,更符合 SQL 国际标准,因此,在开发数据库应用系统时,使用更多的是数据库表。

1. 在数据库中建立新表

(1)在项目管理器中建立新表

① 在"数据"选项卡中,选择"表"→"新建",打开"新建表"对话框,见图3-7。

📖 **提示：**

　　也可以在项目管理器中双击"学生"数据库，打开数据库设计器。右击打开快捷菜单，选择"新建表"，如图 3-11 所示，打开"新建表"对话框。

　　② 单击"新建表"按钮，打开"创建"对话框，如图 3-12 所示，在"输入表名"文本框中输入表文件名"辅修.dbf"。

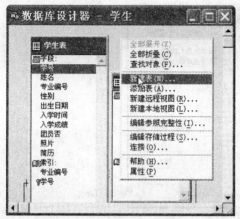

图 3-11 "数据库设计器"窗口

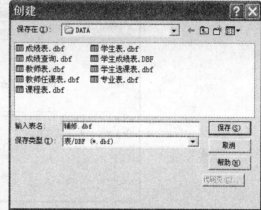

图 3-12 "创建"对话框

　　③ 单击"保存"按钮，打开"表设计器"窗口，如图 3-13 所示，完成字段名、类型、宽度和小数位数的设置。输入完成后，单击"确定"按钮，打开"提示"对话框，见图 3-10，单击"否"按钮，结束表结构的建立。

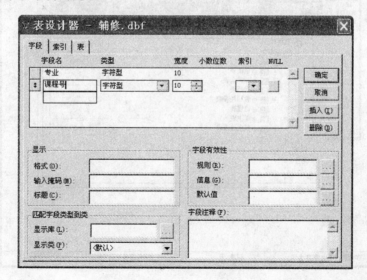

图 3-13 数据库表的"表设计器"窗口

（2）当数据库处于打开状态时，用前面建立自由表的方法创建的新表将包含在该数据库中。

2. 将自由表添加到数据库

（1）在项目管理器中将自由表添加到数据库

在项目管理器中将数据库展开至表，选择"表"，单击"添加"按钮，弹出"打开"对话框，如图 3-14 所示。选定要添加的自由表，单击"确定"按钮，完成自由表"奖学金表"的添加操作，如图 3-15 所示。

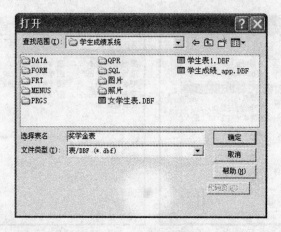

图 3-14 "打开"对话框

图 3-15 自由表"奖学金表"添加到数据库

（2）在数据库设计器中将自由表添加到数据库

选择"数据库"→"添加表"，弹出"打开"对话框。后面的操作步骤与在项目管理器中添加自由表的步骤相同，此处不再具体介绍。

（3）使用命令将自由表添加到数据库

格式：

ADD TABLE[〈自由表文件名〉|?]

功能：将自由表添加到当前数据库。

🔊 **注意：**

一个表只能属于一个数据库，当一个自由表添加到某个数据库后就不再是自由表了，因此不能把已经属于某个数据库的表添加到当前数据库，否则会出现错误提示信息。

---

3. 从数据库中移出数据表

当数据库不再使用某个表，而其他数据库要使用该表时，可以将该表从当前数据库中移出，使之成为自由表。

（1）在项目管理器中将表移出数据库

将数据库下的表展开，并选择所要移出的具体表，单击"移去"按钮，打开"提示"对话框，如图 3-16 所示。单击"移去"按钮，完成表的移出操作。

（2）在数据库设计器中将表移出数据库

选择所要移出的具体表，选择"数据库"→"移去"命令，后面的操作步骤与在项目管理器中将表移出数据库的步骤相同，此处不再具体介绍；或者单击鼠标右键并从快捷菜单中选择"删除"命令，在"提示"对话框中选择"移去"。

图 3-16 "提示"对话框

3.4.4 表结构的修改

在 Visual FoxPro 中，表结构可以任意修改。和表结构的定义一样，表结构的修改也可以通过"表设计器"对话框实现。选择"显示"→"表设计器"命令，或者在"命令"窗口中输入 MODIFY STRUCTURE 命令，打开表设计器进行表结构的修改。

1. 修改已有的字段

用户可以直接修改字段的名称、类型和宽度等数据。如需要调整已有字段的位置，用鼠标拖动字段名左侧的小方块，上下移动到需要的位置即可。

2. 增加新字段

如果需要在原有的字段后增加新的字段,则直接将光标移动到最后,输入新的字段名、类型和宽度等数据;如果需要在原有的字段中间插入新的字段,则首先将光标定位在要插入新字段的位置,然后用鼠标单击"插入"按钮,会插入一个新的字段,输入新的字段名、类型和宽度等数据。

3. 删除字段

将光标定位在要删除的字段上,用鼠标单击"删除"按钮即可。

3.4.5 记录的输入

在对数据库表记录进行操作时,Visual FoxPro 为用户提供了两种不同的数据显示方式:浏览(Browse)和编辑(Edit)。

"浏览"是默认的显示方式。在"浏览"模式下可以快速浏览整个数据库表的记录,并以行的方式显示数据库表的记录。在"浏览"模式下,可以一次看到很多记录,如图 3-17 所示。

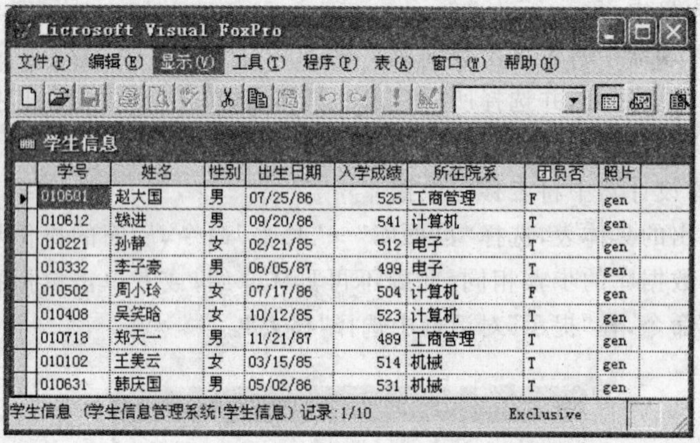

图 3-17 以"浏览"方式显示记录

1. 用"浏览"方式显示数据库表记录

操作步骤如下:

① 选择"文件"→"打开"命令,选择要浏览的数据库表的名称;

② 选择"显示"→"浏览"命令。

2. 用"编辑"方式显示数据库表记录

操作步骤如下:

① 选择"文件"→"打开"命令,选择要编辑的数据库表的名称;

② 选择"显示"→"编辑"命令,在"编辑"模式下信息显示在窗口的左边,如图 3-18 所示。

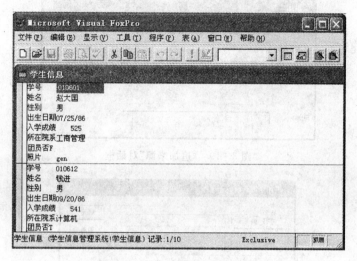

图 3-18 以"编辑"方式显示记录

> 📖 **提示：**
>
> "编辑"模式以列的方式显示，一次只能处理一条记录。记录中的字段从上而下排列，因此用户可以看到整个记录。"编辑"模式基本上是面对记录的，它在垂直方向上的字段的排列尽可能靠近，以便用户能看到整个记录。

3.4.6 记录的追加

1. 利用"浏览"窗口追加记录

在打开表的前提下打开"浏览"或者"编辑"窗口，将"浏览"和"编辑"窗口设置为"追加方式"。在"追加方式"中，文件底部显示了一组空字段，可以在其中输入数据来建立新记录。操作步骤如下：

① 选择"显示"→"追加方式"命令或选择"表"→"追加新记录"命令。

② 在新记录中填充字段，按 Tab 键可以在字段间进行切换。每完成一条记录，在文件的底端就会出现一条新记录。

2. 从另一个表文件成批追加记录

操作步骤如下：

① 打开表，选择"表"→"追加记录"命令，打开"追加来源"对话框，如图 3-19 所示。

② 在"类型"下拉列表框中选择数据源的类型。单击"确定"按钮，从中选择追加的来源文件。如果单击"选项"按钮，打开"追加来源选项"对话框，如图 3-20 所示。

③ 单击"For"按钮，打开"表达式生成器"对话框，如图 3-21 所示，在对话框中输入关系表达式，可以从来源表中筛选出符合此关系的记录追加到表中。

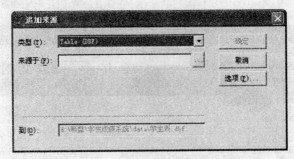

图 3-19 "追加来源"对话框

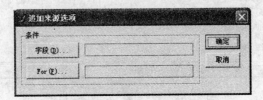

图 3-20 "追加来源选项"对话框

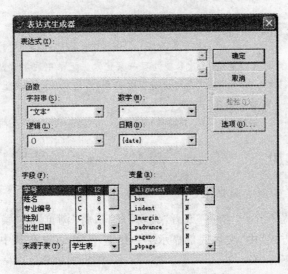

图 3-21 "表达式生成器"对话框

3.5 表的基本操作及维护

3.5.1 打开与关闭

1. 表的打开

要对表进行操作,首先得打开表,打开表意味着把表调入内存以供操作。

格式:

```
USE [〈表文件名〉][EXCLUSIVE|SHARED]
```

功能:打开一个已经存在的数据表。

说明:EXCLUSIVE 选项指明用独占方式打开表文件;SHARED 选项指明用共享方式打开表文件,选择共享方式,则不允许修改表结构或数据,可以保持数据不被修改。

【例 3 - 1】 打开"学生表"。

USE 学生表

此时只是打开了表文件,但是表内容并没有显示出来,要想显示还得输入 List 命令显示。

2. 表的关闭

在内存中打开的表可能进行了各种操作和修改,关闭意味着把内存中修改过的表重新存盘,所以表操作完毕后要进行关闭。表被关闭后,表文件也就从内存中消失。

格式:

USE

功能:关闭当前工作区中的表。

说明:在打开新表文件时,将自动关闭原来打开的表文件。

3.5.2 显示命令

格式:

LIST|DISPLAY [〈范围〉] [FIELDS 〈字段名表〉] [FOR〈条件表达式〉]

功能:根据要求连续显示当前打开的表的记录;如果无任何选择项,则显示全部记录。

说明:

① LIST 命令的默认范围是显示全部记录;而 DISPLAY 默认范围是显示一条记录,即当前记录。

② FIELDS 〈字段名表〉指定要显示的字段。如果省略 FIELDS 选项,则显示表中所有字段的值,但不显示备注型和通用型字段的内容。

③ 若选定 FOR 子句,则显示满足条件的所有记录。

【例 3 - 2】 将"学生表"中性别为女的记录显示出来,并且只列出"姓名"、"学号"两个字段。

USE 学生表
LIST FIELDS 学号,姓名 FOR 性别 = "女"

运行结果如图 3 - 22 所示。

图 3 - 22 显示结果

3.5.3 修改命令

格式:

EDIT|CHANGE [FIELDS 〈字段名表〉] [〈范围〉] [FOR〈条件表达式〉] [WHILE〈条件表达式〉]

功能:打开编辑窗口,以交互编辑方式对记录进行修改。

说明:

① EDIT 和 CHANGE 功能相同。

② FIELDS〈字段名表〉用来显示和编辑指定记录的字段。

【例 3 - 3】 修改"学生表"中的"学号"、"姓名"、"专业编号"这 3 个字段。

```
USE 学生表
EDIT FIELDS 学号,姓名,专业编号
```

运行结果,将打开"学生表"编辑窗口,如图 3 - 23 所示。表中所有记录只显示"学号"、"姓名"、"专业编号"这 3 个字段,并可对它们的值进行编辑。

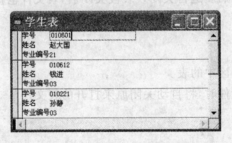

图 3 - 23 "学生表"编辑窗口

数据记录编辑完成后,按 Ctrl+W 键或 Ctrl+End 键或双击该窗口左上角图标,即将编辑修改结果存盘并返回命令窗口;若按 Esc 键则放弃修改并返回至命令窗口。

3.5.4 插入命令

使用追加记录方式只能将记录添加在表的末尾,在实际应用中有时希望在表中间的某个位置插入新记录,这就需要用 INSERT 命令来实现。

格式:

```
INSERT [BLANK][BEFORE]
```

功能:在当前表中的当前记录之前或之后插入记录。

说明:

① 如果没有选择项,则表示在当前记录之后插入一条记录。

② BEFORE 表示在当前记录之前插入一条空白记录。

③ BLANK 表示在当前记录之后插入一条空白记录。省略 BLANK 选项时,系统则打开编辑窗口,用户可以输入要插入的记录内容,插入完成后,单击编辑窗口的"关闭"按钮或按 Ctrl+W 键完成插入操作。

3.5.5 浏览命令

格式:

```
BROWSE [FIELDS〈字段名表〉][〈范围〉][FOR〈条件表达式〉][WHILE〈条件表达式〉]
```

功能:打开浏览窗口并显示记录。

【例3-4】 浏览"学生表"中的"学号"、"姓名"、"专业编号"这3个字段的数据。

USE 学生表

BROWSE FIELDS 学号,姓名,专业编号

运行结果,将打开"学生表"浏览窗口,如图3-24所示。用户可以用编辑键进行编辑修改,其编辑方法与 EDIT 命令和 CHANGE 命令相同。

图3-24 "学生表"浏览窗口

3.5.6 替换命令

格式:

REPLACE〈字段名1〉WITH〈表达式1〉[ADDITIVE][,〈字段名2〉WITH〈表达式2〉[ADDITIVE]][,…]
[〈范围〉][FOR〈条件表达式〉][WHILE〈条件表达式〉]

功能:用指定表达式的值替换当前表中满足条件记录的指定字段的值。

说明:

① 此命令可以同时自动替换若干字段内容。用〈表达式1〉的值替换〈字段名1〉中的数据,用〈表达式2〉的值替换〈字段名2〉中的数据,依此类推。

②〈字段名N〉和〈表达式N〉的数据类型必须相同。对于数字型字段,当〈表达式N〉的值大于字段宽度时,将截去小数点部分,并对小数部分作四舍五入运算;如果结果仍然放不下,则采用科学计数法,但数值的精度会有所降低;如果还放不下,则将该字段的内容用"*"替换,表示溢出。

③ ADDITIVE 选项仅在替换备注型字段时才使用,表示将表达式的值追加在原备注型字段内容之后。若缺省此选项,用表达式的值替换原备注型字段内容。

④ 如果同时缺省〈范围〉和〈条件表达式〉子句,则 REPLACE 命令只对当前记录进行修改。

【例3-5】 将"学生表"中的"团员否"为.F.的字段值修改为.T.。

USE 学生表

REPLACE 团员否 WITH.F. FOR 团员否 = .T. ALL

LIST FIELDS 学号,姓名,团员否

运行结果如图3-25所示。

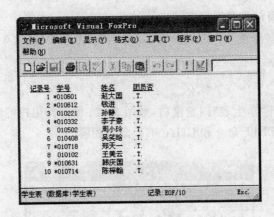

图 3-25 "学生表"修改结果

3.5.7 查询定位命令

1. 绝对定位

格式 1：

GO[TO] 〈记录号〉

功能：将记录指针定位到该记录。

格式 2：

GO[TO] TOP

功能：将记录指针定位到当前表的第一条记录。

格式 3：

GO[TO] BOTTOM

功能：将记录指针定位到当前表的最后一条记录。

2. 相对定位

格式：

SKIP 〈记录数〉

功能：相对于当前记录，记录指针向上或向下移动若干条记录。

说明：当〈记录数〉的值为正数时，向下移动〈记录数〉条记录；当〈记录数〉的值为负数时，向上移动〈记录数〉条记录；缺省〈记录数〉时，向下移动一条记录。

3.5.8 删除命令

1. 给记录加删除标志

格式：

DELETE [〈范围〉] [FOR〈条件表达式〉]

功能:该命令将当前表在指定范围内满足条件的记录加上删除标记"*"。

说明:若省略两个选择项,则给当前记录加上删除标记"*"。

【例 3 - 6】　将"学生表"中性别为"男"的记录加上删除标记。

```
USE 学生表
DELETE FOR 性别 = "男"
LIST
```

运行结果如图 3 - 26 所示。

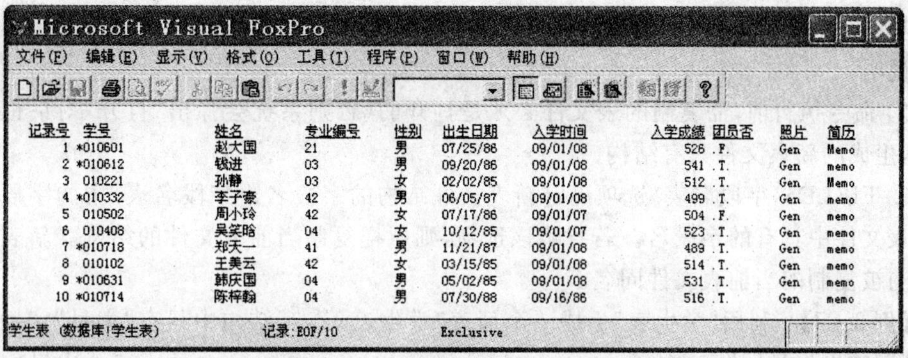

图 3 - 26　添加删除标记

2. 取消删除标记

格式:

```
RECALL [〈范围〉][FOR〈条件表达式〉]
```

功能:将指定范围的、符合条件的、已作了删除标记的记录恢复。即把删除标记"*"去掉。

3. 永久性删除记录

格式:

```
PACK
```

功能:将带有删除标记的记录从当前表中删除,并重新调整表中的记录号。

说明:执行 PACK 命令后,删除的记录在表中不再存在,并且不能恢复,称为永久性删除记录。

4. 删除表的全部记录

格式:

```
ZAP
```

功能:将已打开的表中的记录全部删除。

说明:执行此命令,只是删除全部记录,而表的结构仍然保留。

3.5.9 复制命令

当需要建立的新表与已有的表相同或表结构相似时,可利用已有的表文件生成新表的结构及记录,方法是进行表结构及表记录的复制。

1. 表结构的复制

格式:

COPY STRUCTURE TO〈文件名〉[FIELDS〈字段名表〉]

功能:复制当前表文件的结构作为新表文件的结构。

说明:

① 命令执行前,需复制的表文件必须是打开的(否则系统会弹出"打开"对话框),执行后,生成的新表文件只有结构。

② FIELDS〈字段名表〉选项确定新表文件结构的字段名,〈字段名表〉中的字段必须是原表文件中具有的字段名。若省略该选项,则原样复制当前表文件的结构。新表文件不能与被复制的当前表文件同名。

【例 3-7】 利用"学生表"生成一个新表"学生表 1",其结构中只有"学号"、"姓名"、"性别"和"出生日期"字段。

```
USE 学生表
COPY STRUCTURE TO 学生表 1 FIELDS 学号,姓名,性别,出生日期
USE 学生表 1
LIST STRUCTURE
```

运行结果如图 3-27 所示。

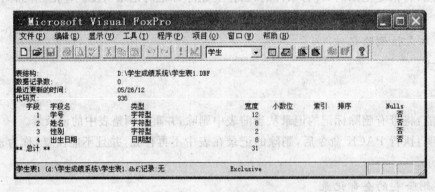

图 3-27 "学生表"复制结果

2. 表文件的复制

格式:

COPY TO〈文件名〉[FOR〈条件表达式〉][WHILE〈条件表达式〉][FIELDS〈字段名表〉][〈范围〉]

功能:将当前打开的表文件全部或部分复制到一个新生成的表文件中。

说明：

① 新生成表文件结构中的字段顺序由 FIELDS〈字段名表〉确定,缺省表示新表的结构与原表的结构完全相同,新表文件中的记录由〈范围〉选项以及〈条件表达式〉选项确定。若缺省〈范围〉和〈条件表达式〉选项,表示将原表的全部记录都复制到新表中;若命令中〈范围〉、〈条件表达式〉和〈字段名表〉选项都缺省,则表示将原表进行备份。

② 〈文件名〉指定新生成的表文件。若当前原表文件中有备注型字段,则相应的备注文件(. fpt 文件)将同时被复制。新表文件名不能与被复制的原表文件同名,省略盘符和路径表示在当前盘当前目录下生成新表文件。

【例 3 - 8】 将"学生表"中性别为"女"的记录复制成一个新表"女学生表",其结构中只有"学号"、"姓名"、"性别"和"出生日期"字段。

```
USE 学生表
COPY TO 女学生表 FOR 性别 = "女" FIELDS 学号,姓名,性别,出生日期
USE 女学生表
BROWSE
```

运行结果,将打开"女学生表"浏览窗口,如图 3 - 28 所示。

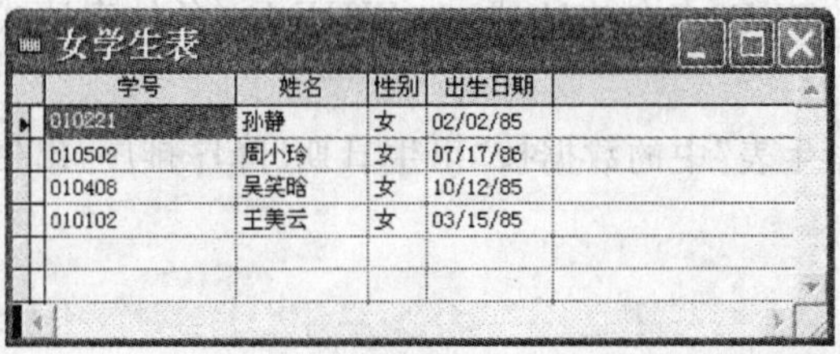

图 3 - 28 "女学生表"浏览窗口

3.6 表的排序和索引

表文件中的数据记录是按其输入时的先后顺序存放的。但是在数据处理中,表往往十分庞大,为了高效方便地存取数据,往往要求表记录以一定的顺序排放或显示,因此,必须按用户要求对表文件进行重新组织。Visual FoxPro 提供了两种方法重新组织数据,即排序和索引。

排序是从物理上对表进行重新整理,按照指定的关键字段来重新排列表中的数据记录,并产生一个新的表文件。由于新表的产生既费时间又浪费空间,实际中很少用,在此只介绍概念。

索引是从逻辑上对表进行重新整理,按照指定的关键字段来建立索引文件。一个表文件可以建立多个索引文件,但对于打开的表文件,任何时候只有一个索引文件起作用,此索引文件称为主控索引。索引在实际中应用很广,是本节的重点。

3.6.1 排 序

记录表的排序就是根据表中一个或多个字段(称为关键字)值的大小,将表中的记录

重新排列,生成一个新的数据表文件,而原表的记录顺序是不变的。

格式:

SORT TO〈新文件名〉ON〈字段1〉[/A][/D][/C][,〈字段2〉[/A][/D][/C]…]
[ASCENDING|DESCENDING] [〈范围〉][FIELDS〈字段名表〉][FOR〈条件表达式〉][WHILE〈条件表达式〉]

功能:将当前表中指定范围内满足条件的记录,依次按〈字段1〉、〈字段2〉等的顺序作为关键字重新排序,生成一个新的表文件。

说明:

① 排序的结果存入由〈新文件名〉指定的表文件中,其默认扩展名为.dbf。

②〈字段1〉和〈字段2〉选项作为排序的关键字段,当使用多字段排序时,将按命令中字段的先后依次排序,即先按〈字段1〉中值的大小排序,若值相同,再按〈字段2〉中值的大小排序,依此类推。排序关键字可为字符型、数值型、日期型、逻辑型等数据类型字段,不能是备注型和通用型字段。

③ /A表示升序,/D表示降序;若省略则默认为升序。数字类型按数字大小排序;英文字符以其ASCII码值的大小排序;汉字按机内码顺序排序;日期则以日期先后为序,在前者为小。/C表示不区分大小写字母。

④ 若缺省〈范围〉、FOR〈条件表达式〉和WHILE〈条件表达式〉选项,则对当前表中的所有记录进行排序。

【例3-9】 将"学生表"中的数据按"出生日期"降序排序,出生日期相同的按"学号"降序排序。

```
USE 学生表
SORT TO 排序 ON 出生日期/D,学号/D
USE 排序
BROWSE
```

排序结果如图3-29所示。

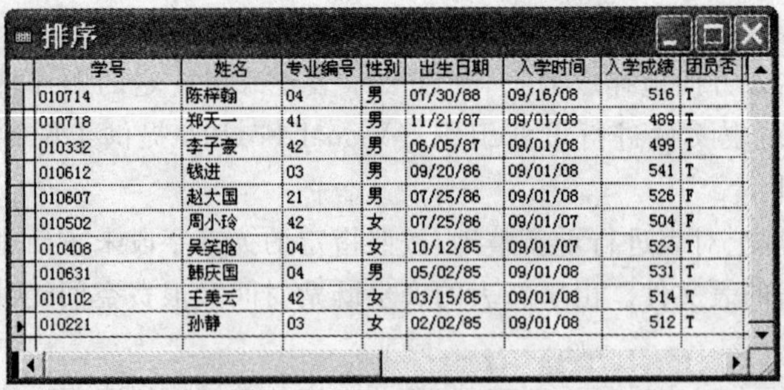

学号	姓名	专业编号	性别	出生日期	入学时间	入学成绩	团员否
010714	陈梓翰	04	男	07/30/88	09/16/08	516	T
010718	郑天一	41	男	11/21/87	09/01/08	489	T
010332	李子菱	42	男	06/05/87	09/01/08	499	T
010612	钱进	03	男	09/20/86	09/01/08	541	T
010607	赵大国	21	男	07/25/86	09/01/08	526	F
010502	周小玲	42	女	07/25/86	09/01/07	504	T
010408	吴笑晗	04	女	10/12/85	09/01/07	523	T
010631	韩庆国	04	男	05/02/85	09/01/08	531	T
010102	王美云	42	女	03/15/85	09/01/08	514	T
010221	孙静	03	女	02/02/85	09/01/08	512	T

图3-29 "学生表"排序结果

3.6.2 索 引

1.基本概念

索引是对表中的记录按指定的关键字表达式值进行逻辑排序,生成一个相应的索引文件或索引标识(也包含在索引文件中),以提高访问表中记录相关信息的速度。实际上,建立索引就是创建一个索引字段或表达式值与表记录的记录号之间的对应表。索引字段或表达式值的顺序是表记录的某种逻辑顺序的映射,而表文件的物理顺序并没有发生变化,不会生成新的表文件。索引文件比表文件要小得多,占用更少的储存空间。

索引文件不能单独存在,只能依附于对应的表文件而存在。一个表文件可以建立多个索引文件或索引标识。对表进行操作时,可同时打开多个索引文件或索引标识,但当前只有一个索引起作用。索引具有自动更新的特性,即对表记录进行修改、添加、删除操作时,相应的索引会自动更新。

2. 索引文件的类型

Visual FoxPro 的索引文件分为两种:单索引文件(.idx)和复合索引文件(.cdx)。

(1)单索引文件,只包含一个索引项,是根据一个索引关键字表达式(或关键字)建立的索引文件。

(2)复合索引文件,可以包含多个索引项,每个索引称为一个索引标记(TAG),打开一个复合索引文件,相当于打开多个单索引文件。复合索引文件分为结构复合索引文件和非结构复合索引文件,均采用压缩方式存储。

① 结构复合索引文件主名与表名相同,随表的打开而自动打开,并且在对表进行操作的过程中系统会自动维护索引文件,使用最为简便;

② 非结构索引文件由用户定义索引文件的主名,使用时需使用 SET INDEX 命令或 USE 命令中的 INDEX 子句打开索引文件。

3. 索引类型

Visual FoxPro 系统根据索引功能的不同,分为 4 种类型的索引。

(1)主索引

建立主索引实际上就是指定主关键字。只有在数据库表中才能建立主索引且只能建立一个主索引。主索引字段值不允许重复,可用来建立参照完整性。

(2)候选索引

用候选关键字建立的索引称为候选索引。候选索引与主索引具有同样的特性,同样不允许索引字段值重复;但一个表可以建立多个候选索引,也可用于在数据库中建立参照完整性。

(3)唯一索引

唯一索引是指索引项唯一,而不是索引字段值的唯一,允许出现重复的索引字段值,却只能输出无重复的索引字段值。对一个表可以建立多个唯一索引。

(4)普通索引

普通索引允许索引项中出现重复值,一个表可以建立多个重复索引,普通索引常用于建立数据库一对多关系中的“多方”关系。

4. 建立索引文件

(1)使用表设计器建立索引

操作步骤如下:

① 选择"文件"→"打开"命令，弹出"打开"对话框，如图 3 - 30 所示。选择要打开的表。

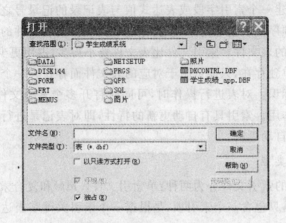

图 3 - 30 "打开"对话框

② 选择"显示"→"表设计器"命令，打开"表设计器"对话框，选择"索引"选项卡，如图 3 - 31所示。

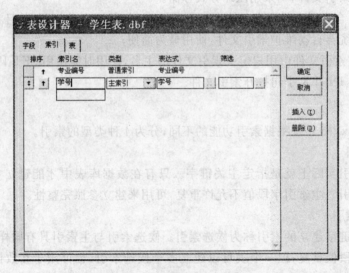

图 3 - 31 "表设计器"对话框

③ 在"索引"列中输入索引名，在"类型"列表中选定索引类型，在"表达式"列中输入作为记录排序依据的字段名。或者通过"表达式"列后面的 ┈ 按钮，打开"表达式生成器"对话框，如图 3 - 32 所示。在"筛选"列确定参加索引的记录条件。

④ 确定好各项后，单击"确定"按钮，关闭"表设计器"对话框，索引文件建立完成。

> 📖 **提示：**
>
> 同样的方法也可以将以前建立的索引调出，利用"表设计器"对话框上的"插入"或"删除"按钮进行插入或删除操作。

图 3-32 "表达式生成器"对话框

(2)使用命令创建索引

格式:

INDEX ON〈索引关键字表达式〉TO〈单索引文件名〉|TAG〈标识名〉[OF〈独立复合索引文件名〉]
[FOR〈条件〉][COMPACT][ASCENDING|DESCENDING][UNIQUE][ADDITIVE]

功能:对当前表文件按指定的关键字建立索引文件。

说明:

①〈索引关键字表达式〉指定建立索引文件的关键字表达式,可以是单一字段名,也可以是由多个字段组成的字符型表达式,表达式中各字段的类型只能是数值型、字符型、日期型和逻辑型。

当表达式是单个字段名时,字段类型不用转换;否则数值型的字段用函数 STR()转换成字符型,日期型的字段用函数 DTOC()转换成字符型,逻辑型的字段用函数 IIF()转换成字符型,然后利用字符的连接运算组成〈索引关键字表达式〉。

②〈单索引文件名〉指定要建立的单索引文件名。

③ TAG〈标识名〉选项只在建立复合索引文件时有效,指定建立或追加标识的标识名。

④ OF〈独立复合索引文件名〉指定独立复合索引文件名。若有此选项,表示在指定的独立复合索引文件中追加一个标识,若指定的独立复合索引文件不存在,系统将自动建立指定的文件;若没有此选项,表示在结构复合文件中追加一个标识,若结构复合索引文件不存在,系统将自动建立结构复合索引文件。

⑤ FOR〈条件〉表示只对满足条件的记录建立索引。

⑥ COMPACT 选项只对单索引文件有效,表示建立压缩索引文件。

⑦ ASCENDING|DESCENDING 表示按升序或降序建立索引;若缺省此选项,按升序建立索引。单索引文件不能选用 DESCENDING 选项,但可以用 SET INDEX 命令和

SET ORDER 命令指定为降序。

⑧ UNIQUE 表示建立的是唯一索引,即对于索引关键字表达式值相同的记录,只有第一条记录的关键字值被保留在索引文件中。可以通过环境设置命令 SET UNIQUE ON|OFF 来确定是否进行唯一索引,系统默认为 OFF,如果设置为 ON,不论是否有 UNIQUE 选项,都是建立唯一索引。

⑨ ADDITIVE 表示保留以前打开的索引文件。否则,除结构复合索引文件外,以前打开的其他索引文件都将被关闭。新建的索引文件自动打开,并开始起作用。

【例 3 - 10】 对"学生表"建立"出生日期"单索引文件 STUD. idx。

```
USE 学生表
INDEX ON 出生日期 TO 学生表
```

【例 3 - 11】 对"学生表"建立一个基于"出生日期"字段的结构复合索引文件。

```
USE 学生表
INDEX ON 出生日期 TAG 出生日期 DESCENDING
LIST 学号,姓名,性别,出生日期
```

5. 打开索引文件

格式 1:

USE〈文件名〉[INDEX〈索引文件名表|?〉][ORDER〈数值表达式〉|〈单索引文件〉TAG〈标识名〉
[OF〈复合索引文件名〉][ASCENDING|DESCENDING]]

功能:打开指定的表文件及相关的索引文件。

说明:

(1)INDEX〈索引文件名表|?〉表示打开的索引文件;如果选择"?",则系统将弹出"打开"对话框,供用户选择索引文件名。如果〈索引文件名表〉中的第一个索引文件是单索引文件,则它是主索引文件;若第一个索引文件是复合索引文件,则表文件的记录将以物理顺序被访问。

(2)〈索引文件名表〉指定要打开的索引文件,索引文件中的文件扩展名可以省略,但如果存在同名的单索引文件和复合索引文件,必须带扩展名。

〈索引文件名表〉中的单索引文件和复合索引文件的标识有一个唯一的编号,编号最小值为 1。编号规则:先将单索引文件按它们在〈索引文件名表〉中的顺序编号;再将结构复合索引文件按标识产生的顺序连续编号;最后将独立复合索引文件中的标识先按它在〈索引文件名表〉中的顺序,再按标识产生的顺序连续编号。

(3)ORDER 指定主索引。选择此选项时,主索引文件将不是〈索引文件名表〉中的第一个单索引文件,而是此选项指定的单索引文件或标识。子句中各选项的含义如下。

① 〈数值表达式〉指定主索引的编号,若〈数值表达式〉的值为 0,表示不设主索引。

② 〈单索引文件〉将指定的单索引文件设置为主索引。

③ TAG〈标识名〉[OF〈复合索引文件名〉]表示将〈复合索引文件名〉中指定的标识作为主索引。若 OF〈复合索引文件名〉缺省,则表示为结构复合索引文件。

④ ASCENDING|DESCENDING 表示主索引被强制以升序或降序索引；若缺省此选项，则主索引按原有顺序打开。

格式 2：

SET INDEX TO［〈索引文件名表〉］［ORDER〈数值表达式〉|〈单索引文件名〉TAG〈标识名〉
［OF〈复合索引文件名〉］［ASCENDING|DESCENDING］］［ADDITIVE］

功能：在已打开表文件的前提下，打开相关索引文件。

说明：

ADDITIVE 表示保留以前打开的索引文件；否则，除结构复合索引文件外，以前打开的其他索引文件都将被关闭。

其他选项功能同前所述。

6. 关闭索引文件

格式 1：

USE

功能：关闭当前工作区中打开的表文件及所有索引文件。

格式 2：

CLOSE INDEXS

功能：关闭当前工作区中打开的所有单索引文件和独立复合索引文件。

说明：当表未关闭时，结构复合索引文件无法被关闭。

7. 删除索引

(1)标识的删除

格式 1：

DELETE TAG〈标识名 1〉［OF〈复合索引文件名 1〉］［,〈标识名 2〉［OF〈复合索引文件名 2〉］］…

格式 2：

DELETE TAG ALL［OF〈复合索引文件名〉］

功能：从指定的复合文件中删除标识。

说明：OF〈复合索引文件名〉指定复合索引文件名；如果缺省该选项，则为结构复合索引文件。

(2)单索引文件的删除

格式：

DELETE FILE〈单索引文件名〉

功能：删除指定的单索引文件。

说明：关闭的索引文件才能被删除，文件名必须带扩展名。

【例 3－12】 删除"学生表"的单索引文件"学生表.idx"及结构复合索引文件中的所有标识。

```
DELETE FILE 学生表 .idx
USE 学生表
DELETE TAG ALL
DIR *.idx
```

3.7 表的查询

表的查询就是根据用户要求,在表中找出满足条件的记录,并把记录指针定位到该记录,使其成为当前记录,以便进一步操作(如显示、替换等)。

Visual FoxPro 系统提供两种查询方法:顺序查询和索引查询。

(1)顺序查询是对表中记录按物理顺序依次查找满足条件的记录,使用 LOCATE 和 CONTINUE 命令来完成;

(2)索引查询是按表的索引进行查找,使用 FIND 命令和 SEEK 命令来完成。索引查询的查找速度快,也称为快速查询。

3.7.1 顺序查询

格式:

LOCATE [〈范围〉] [FOR〈条件表达式〉] [WHILE〈条件表达式〉]

功能:按表记录的物理顺序,在指定范围内依次查找满足条件的第 1 条记录,并将该记录置为当前记录。

说明:

① 缺省〈范围〉时,对于 FOR〈条件表达式〉默认为 ALL,而对于 WHILE〈条件表达式〉默认为 REST。

② 如果找不到符合条件的记录,则显示"已到定位范围末尾"。记录指针指向范围内的最后一条记录。若范围为 ALL 或 REST,则记录指针指向文件尾(EOF 标志)。

③ 如果找到一条满足条件的记录,可用函数 RECNO( )返回该记录的记录号。且函数 FOUND( )的值为 .T. ,函数 EOF( )的值为 .F. 。

④ 找到满足条件的一条记录后,可使用 CONTINUE 命令继续查找满足条件的下一条记录。

📢 **注意:**

CONTINUE 命令不能单独使用,必须与 LOCATE 命令配合使用才有效,且可多次使用。当使用 CONTINUE 命令没有找到时,Visual FoxPro 主窗口状态栏将提示"已到定位范围末尾",用 DISPLAY 命令将没有记录显示。

【例 3 - 13】 在"学生表"中找出性别为女的前 3 个学生,要求显示各项信息。

```
USE 学生表
```

```
LOCATE FOR 性别 = "女"
DISPLAY                        && 显示记录号为 3 的"孙静"的各项信息
? RECNO( ),FOUND( ),EOF( )
3 .T. .F.
CONTINUE
DLSPLAY                        && 显示记录号为 5 的"周小玲"的各项信息
5 .T. .F.
CONTINUE
DISPLAY                        && 显示记录号为 6 的"吴笑晗"的各项信息
6 .T. .F.
USE
```

3.7.2 索引查询

索引查询是指在表的索引文件中进行查找,所以要求打开索引文件且需设置为主控索引。查询的内容必须与索引表达式相一致。索引查询的速度比顺序查询要快得多。

(1)FIND 命令

格式:

FIND〈字符串〉|〈数值型常量〉|〈字符变量〉

功能:在主控索引中查找索引表达式值与指定字符串或数值常量相匹配的第一条记录。

说明:

① FIND 命令只能查找字符型、数值型数据,字符串可以不使用定界符,但字符变量名必须用宏替换函数。

② 若找到满足条件的记录,则函数 FOUND( )的值为 .T. ,函数 RECNO( )的值为当前记录号,函数 EOF( )的值为 .F. 。

③ 若没有找到满足条件的记录,则记录指针指向 EOF 标志,函数 FOUND( )的值为 .F. ,函数 RECNO( )的值为表记录数+1,函数 EOF( )的值为 .T. 。

④ 如果执行 SET NEAR ON 命令(系统默认为 SET NEAR OFF),又使用了 FIND命令,还找不到满足条件的记录时,记录指针定位于索引值大于查找内容的第一条记录(升序索引)。可用此方法查找索引值大于或小于查找内容的记录。

(2)SEEK 命令

格式:

SEEK〈表达式〉

功能:在主控索引中查找索引表达式值与指定表达式值相匹配的第一条记录。

SEEK 命令与 FIND 命令的功能相似,不同之处在于其后跟的是〈表达式〉选项,能查找字符型、数值型、日期型、逻辑型的常量、变量及其组合,字符串必须使用定界符。

FIND 命令和 SEEK 命令都是将记录指针定位到满足条件的第一条记录,没有继续查找命令。实际上,表文件本身是按索引进行排序的,满足条件的记录在逻辑上是集中在一起的,只需使用记录指针相对定位命令 SKIP,就可定位到满足条件的第二条记录,以此类推。也可以使用 LIST WHILE〈条件表达式〉命令方便地显示出满足条件的所有记录。

【例 3-14】 使用 FIND 命令和 SEEK 命令,查询"学生表"中满足以下条件的记录。要求:

① 查找姓赵的所有记录。

② 查找是否有 1986 年出生的女学生记录。

```
USE 学生表
INDEX ON 姓名 TAG xm                          && 按姓名建立结构复合索引
FIND 赵                                        && 索引查询姓赵的首记录
LIST WHILE 姓名 = "赵"                         && 显示姓赵的所有记录
INDEX ON 性别 + RIGHT(DTOC(出生日期),2) TAG xbcsrq
SEEK "女" + "86"
C = "1986 年出生的女学生记录"
? IIF(FOUND( ),"有" + C, "没有" + C)           && 显示有无满足条件的记录
```

运行结果如图 3-33 所示。

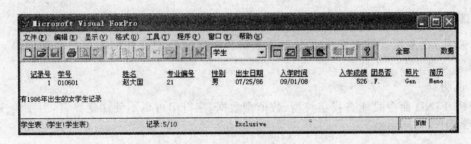

图 3-33　索引查询结果

3.8　表中数值字段的统计

前面介绍的知识均是对表中一条或多条记录的各个字段进行的相关操作,即按数据表的行进行的。本节将介绍按列对表进行的操作,称为表的统计运算。

3.8.1　统计记录数

格式:

COUNT [〈范围〉][FOR〈条件表达式〉][WHILE〈条件表达式〉][TO〈内存变量〉]

功能:用于统计当前表中指定范围内满足条件的记录个数。

说明:除非指定了〈范围〉或 FOR|WHILE〈条件表达式〉,否则将计算所有记录个数。若选择了 TO〈内存变量〉,则可将计算结果保存在〈内存变量〉中;否则统计结果只在屏幕上显示。

📖 提示:

　　若执行 SET TALK OFF 命令,将不显示统计结果;若执行 SET DELETE OFF 命令,则加删除标志的记录也会被统计。

【例 3 - 15】　统计"学生表"中 1986 年以后出生的人数、党员数。

```
USE 学生表
COUNT FOR YEAR(出生日期) > = 1986 TO Number            && 状态栏显示 6 条记录
?"1986 年以后出生的有" + ALLTRIM(STR(Number)) + "人!"
COUNT FOR 团员否 TO dy
?"总共有",dy,"个团员"
```

运行结果如图 3 - 34 所示。

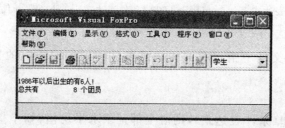

图 3 - 34　统计结果

3.8.2　求　和

格式:

SUM [〈表达式表〉][〈范围〉][FOR〈条件表达式〉][WHILE〈条件表达式〉][TO〈内存变量表〉]
[TO ARRAY〈数组〉][NOOPTIMIZE]

功能:对当前表文件中指定范围内满足条件的记录按指定的各个表达式分别求和。

说明:

①〈表达式表〉:由数值型字段组成,允许字段间进行四则运算;若省略〈表达式表〉,则对当前表的所有数值型字段求和。

② To〈内存变量表〉:将求和的结果按顺序存入各内存变量。〈内存变量表〉中的变量个数不得少于〈表达式表〉中表达式的个数。

③ TO ARRAY〈数组〉:将求和的结果存储到指定数组中。

其余各选项同 COUNT 命令。

【例 3 - 16】　统计"成绩表"中考试成绩均在 80 分以下的记录和。

```
CLEAR
USE 成绩表
SUM 考试成绩 TO a FOR 考试成绩<80
? a
```

运行结果如图 3 – 35 所示。

图 3 – 35　求和结果

3.8.3　求均值

格式：

AVERAGE [〈数值型表达式表〉] [〈范围〉] [FOR〈条件表达式〉] [WHTLE〈条件表达式〉]
[TO〈内存变量表〉] [TO ARRAY〈数组〉] [NOOPTIMIZE]

功能：对当前表文件中指定范围内满足条件的记录按指定的数值型字段计算平均值。

说明：

若缺省〈范围〉和〈条件表达式〉，则对全部记录求平均值；如不指定〈数值型表达式表〉，则对所有数值型字段求平均值。

其他选项同 SUM 命令。

【例 3 – 17】　统计"成绩表"中所有数值字段的平均值。

USE 成绩表
AVERAGE

运行结果如图 3 – 36 所示。

图 3 – 36　求均值结果

3.8.4　分类汇总

格式：

TOTAL TO〈汇总文件名〉ON〈关键字段〉[FIELDS〈字段名表〉] [〈范围〉] [FOR〈条件表达式〉]
[WHILE〈条件表达式〉] [NOOPTIMIZE]

功能:按〈关键字段〉对当前表文件的数值型字段进行分类汇总,形成一个新的表文件。

说明:

① 当前表必须在关键字上排序或索引。

② 汇总结果存入一个由该命令建立的新表〈汇总文件名〉中,其结构与当前表的结构完全相同;汇总记录个数由〈关键字段〉的值确定,将当前表文件中关键字段值相同的记录分成一类,每一种分类在该库文件中只产生一条记录。记录顺序按索引或排序排列,各记录中的汇总字段值为汇总后的和,而非汇总字段值为每一类别中第一条记录的值。备注型字段被自动舍去。

③ 参加汇总的数值型字段由 FIELDS〈字段名表〉指定;若缺省,则对当前表的所有数值型字段进行汇总。

3.9 多表操作

前面所介绍的对表的操作都是在一个工作区中进行的,每个工作区最多只能打开一个表文件,用 USE 命令打开一个新的表,同时也就关闭了前面已打开的表。在实际应用中,用户常常需要同时打开多个表文件,以便对多个表文件的数据进行操作。为了解决这一问题,Visual FoxPro 引入了工作区的概念。例如,在多个表之间进行数据传递,让一个表与另一个表之间发生关联,将几个表按某种条件合并为一个新的表文件等。Visual FoxPro 允许用户在表间建立临时关系和永久关系。

3.9.1 工作区及使用

工作区实质上就是一段内存区域,用来存放数据表的所有数据。Visual FoxPro 系统提供了多达 32767 个工作区。每个工作区同时只能打开一个数据表文件。某数据表要使用时必须打开,使用完毕应关闭。当在同一工作区中打开另一张数据表时,系统会自动关闭先前打开的数据表及索引等相关文件。

1. 工作区编号与别名

Visual FoxPro 系统为每个工作区进行了编号,分别用数字 1~32767 来表示。其中经常使用的 1~10 号工作区的别名为 A~J。

用户最近一次选择的工作区称为当前工作区,只有当前工作区中打开的数据表才处于活动状态。启动 Visual FoxPro 系统后,默认 1 号工作区为当前工作区。

Visual FoxPro 系统的工作区有别名,也允许用户在打开表时,为表指定一个别名。若打开表时指定别名,则该表的主文件名即为其别名。对于打开的表文件,可通过表的别名或所在工作区的别名来进行引用。

2. 当前工作区的选择

用户可以根据实际需要使用 SELECT 命令改变当前工作区,以打开多张表。

格式:

SELECT 〈工作区号〉|〈别名〉

功能:选择指定工作区为当前工作区。

说明:

① SELECT 0 命令表示选择尚未使用的编号最小的工作区为当前工作区。

② 通过工作区编号或别名均可选择当前工作区。

③ 当前工作区被改变,不会改变各工作区已打开表的记录指针的位置。打开的每张表均有各自的记录指针及当前记录。

④ 打开表的同时可以选择工作区。

📖 **提示:**

用户也可使用 Visual FoxPro 系统提供的"数据工作期"窗口来查看工作区的使用情况。具体操作如下:选择"窗口"→"数据工作期",打开"数据工作期"窗口,可打开、浏览或关闭指定的表。打开表时系统自动选择编号最小的工作区,但不改变当前工作区。

3. 引用其他工作区的表数据

格式:

〈别名〉.〈字段名〉或〈别名〉〈字段名〉

功能:指定要引用的是哪个工作区中表的字段名变量。

说明:对于当前工作区中表的字段名,则可省略其别名;而其他工作区中表的别名不能省略。

3.9.2 表文件之间的关联

1. 关联的概述

所谓表文件的关联是把当前工作区中打开的表与另一个工作区中打开的表进行逻辑联接,而不生成新的表。当前工作区的表和另一工作区中打开的表建立关联后,当前工作区中表的记录指针移动时,被关联工作区的表记录指针也将自动相应移动,以实现对多个表的同时操作。

在多个表中,必须有一个表为关联表,此表常称为父表;而其他的表则称为被关联表,常称为子表。在两个表之间建立关联,必须以某一个字段为标准,该字段称为关键字段。表文件的关联可分为"一对一"关联、"一对多"关联和"多对多"关联。

(1)一对一关联:父表和子表中都没有重复值,即当父表记录指针移动时,父表的一条记录只与子表中的一条记录进行关联。

(2)一对多关联:父表中没有重复值,而子表中有重复值,即当父表记录指针移动时,父表的一条记录与子表中的多条记录进行关联。

(3)多对多关联:父表中有重复值,子表中也有重复值,即当父表记录指针移动时,父表的多条记录与子表中的多条记录进行关联。

> 📖 **提示:**
>
> 在 Visual FoxPro 系统中,不处理"多对多"关联,只处理"一对一"关联、"一对多"关联和"多对一"关联。

2. 关联的建立

(1)使用"数据工作期"窗口也可以建立关联,操作步骤如下:

① 选择"窗口"→"数据工作期"命令,打开"数据工作期"窗口,如图 3-37 所示。单击"打开"按钮,将需要用到的表在不同的工作区中打开。

② 首先在"别名"列表中选择主表,单击"关系"按钮,显示出主表文件名(如学生表),并且其下方引出一条线,如图 3-38 所示。然后在"别名"列表中选择子表。

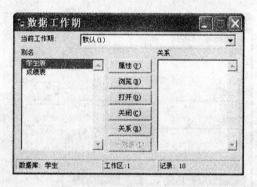

图 3-37 "数据工作期"窗口

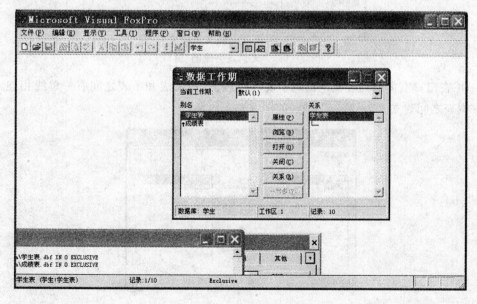

图 3-38 建立主表

③ 如果子表文件未指定主索引,系统会打开"设置索引顺序"窗口,以指定子表文件

的主索引,如图 3-39 所示。单击"确定"按钮,打开"表达式生成器"对话框,在"字段"列表框中选择关键字段(如"学号"),如图 3-40 所示,单击"确定"按钮,返回"数据工作期"窗口。

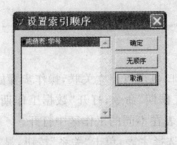

图 3-39 "设置索引顺序"窗口

图 3-40 "表达式生成器"窗口

④ 在窗口右侧的列表框中出现子表"成绩表",在父表和子表之间有一单线相连,表明在两表之间建立了"一对一"关联,如图 3-41 所示。

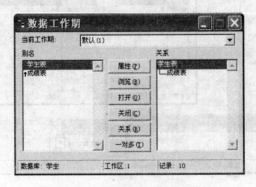

图 3-41 建立"一对一"关联

⑤ 若需建立"一对多"的关联,单击"一对多"按钮,打开"创建一对多关系"窗口,如

图 3-42 所示。在"子表别名"列表框中选择子表别名(如"成绩表"),单击"移动"按钮,子表别名将出现在"选定别名"列表框中,单击"确定"按钮,完成子表别名的指定,并返回到"数据工作期"窗口。

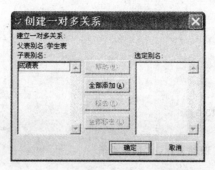

图 3-42 "创建一对多关系"窗口

　⑥ 完成上述操作后,在"数据工作期"窗口的右侧列表框中出现了子表文件名(如"成绩表"),在父表和子表之间有一双线相连,表明在两表之间已建立了"一对多"关联,如图 3-43 所示。

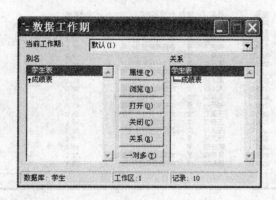

图 3-43 建立"一对多"关联

(2)使用命令建立关联

格式:

SET RELATION TO [〈表达式 1〉 INTO 〈工作区号 1〉|〈别名 1〉]
[,〈表达式 2〉 INTO 〈工作区号 2〉|〈别名 2〉…] [ADDITVE]

功能:为当前父表与一个或多个工作区中的子表建立临时联系。

说明:

　①〈表达式 N〉指定建立临时联系的索引关键字。

　②〈工作区号 N〉|〈别名 N〉说明临时联系是当前工作区的表(父表)到指定表(子表)的关联。被关联的表(子表)要求必须按关联关键字建立索引,并将其设置为当前索引标识。

　③ ADDITIVE 表示当前表与其他工作区表已有的关联仍有效,实现一个表和多个表之间的关联;否则,取消当前表与其他工作区表已有的关联,当前表只能与一个表建立

关联。

【例 3 - 18】 以"学生表"为主表,"成绩表"为子表建立"一对多"关联。

```
SELECT 2
USE 成绩表
INDEX ON 学号 TAG 学号
SET ORDER TO TAG 学号
SELECT 1
USE 学生表
SET RELATION TO 学号 INTO B
SET SKIP TO B
LIST 学号,姓名,性别,B. 课程名称,B. 总评成绩
```

运行结果如图 3 - 44 所示。

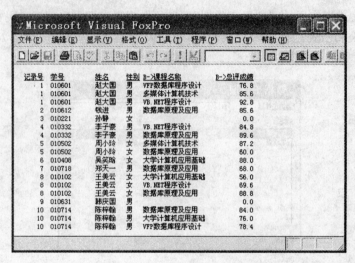

图 3 - 44　建立"一对多"关联结果

3. 关联的解除

格式:

SET RELATION TO

功能:解除父表与所有子表的关联。

> 📖 提示:
>
> 该命令必须在父表工作区中执行。关闭父表或子表也可解除关联。

3.9.3 表文件的联接

用关联命令,可以将不同工作区的几个表文件的记录指针按某个要求建立一种逻辑联接,但这两个表文件并没有真正形成一个表文件。在实际应用中,经常需要把不同数

据结构的表文件按一定要求联接形成一个新的表文件,这就是表文件的联接,称为物理联接。

格式:

JOIN WITH 〈工作区号〉|WITH〈别名〉TO〈新文件名〉FOR〈条件表达式〉[FIELDS〈字段名表〉]

功能:将当前表文件和另一工作区中打开的〈别名〉表文件按指定的条件联接,生成一个以〈新文件名〉为名的新表文件,实现物理上的联接。

说明:

① WITH〈工作区号〉|WITH〈别名〉指定另一工作区打开的表文件,〈新文件名〉表示联接生成的新表文件,其扩展名可省略,系统默认为.dbf。

② FOR〈条件表达式〉指定两个表文件的联接条件,它不同于其他命令中的 FOR 子句,其他命令的 FOR 子句都是选择项,这里的 FOR 子句不可缺省;否则,JOIN 命令无法执行。

③ FIELDS〈字段名表〉指定新表的字段及字段顺序。若缺省 FIELDS 短语,则包括两个表的所有字段,当前表的字段在前,别名表的字段在后。当两个表有同名字段时,被联接后只生成一个字段。如果需要选择别名表文件中的字段,必须用前缀"别名."加以标识;否则,新表中的字段为当前表文件的字段。联接后的新表字段数不能超过 255 个,否则自动截去后面的字段。其他参数如前面所述。

④ 执行 JOIN 命令时,首先将当前工作区表文件的记录指向第一条记录,然后在〈别名〉表文件中按 FOR〈条件〉指定的条件查找,每找到一个,在新表文件生成一条记录。〈别名〉表文件的记录全部查完后,当前工作区表的指针指向下一记录,重复比较联接,直到当前工作区中表文件的所有记录处理完为止。

> 📖 提示:
> 联接过程中备注型字段被自动截除。

【例 3-19】 将表文件"学生表"和"成绩表"按学号联接,生成一个新的表文件"学生成绩表"。

```
SELECT 2
USE 学生表
SELECT 1
USE 成绩表
JOIN WITH B TO 学生成绩表 FOR 学号 = B. 学号
SELECT 0
USE 学生成绩表
BROWSE
```

运行结果,打开"学生成绩表"浏览窗口,如图 3-45 所示。

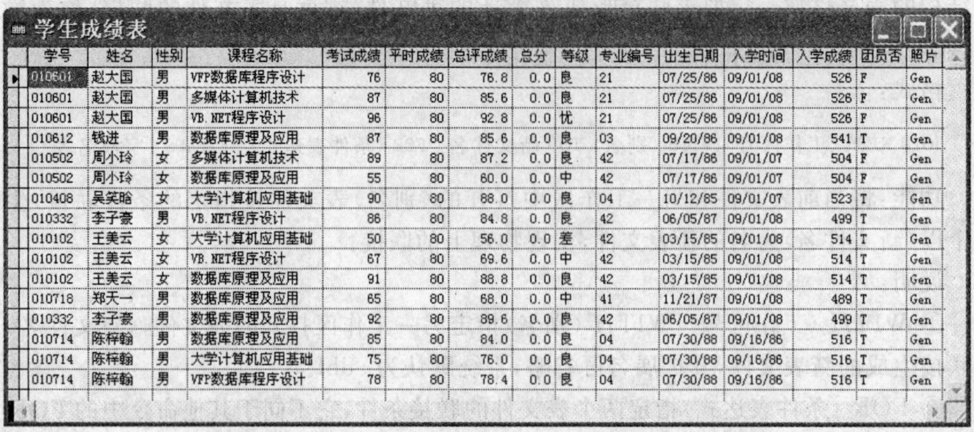

学号	姓名	性别	课程名称	考试成绩	平时成绩	总评成绩	总分	等级	专业编号	出生日期	入学时间	入学成绩	团员否	照片
010601	赵大国	男	VFP数据库程序设计	76	80	76.8	0.0	良	21	07/25/86	09/01/08	526	F	Gen
010601	赵大国	男	多媒体计算机技术	87	80	85.6	0.0	良	21	07/25/86	09/01/08	526	F	Gen
010601	赵大国	男	VB.NET程序设计	96	80	92.8	0.0	优	21	07/25/86	09/01/08	526	F	Gen
010612	钱进	男	数据库原理及应用	87	80	85.6	0.0	良	03	09/20/86	09/01/08	541	T	Gen
010502	周小玲	女	多媒体计算机技术	89	80	87.2	0.0	良	42	07/17/86	09/01/07	504	F	Gen
010502	周小玲	女	数据库原理及应用	55	80	60.0	0.0	中	42	07/17/86	09/01/07	504	F	Gen
010408	吴笑晗	女	大学计算机应用基础	90	80	88.0	0.0	良	04	10/12/85	09/01/07	523	T	Gen
010332	李子豪	男	VB.NET程序设计	86	80	84.8	0.0	良	42	06/05/87	09/01/08	499	T	Gen
010102	王美云	女	大学计算机应用基础	50	80	56.0	0.0	差	42	03/15/85	09/01/08	514	T	Gen
010102	王美云	女	VB.NET程序设计	67	80	69.6	0.0	中	42	03/15/85	09/01/08	514	T	Gen
010102	王美云	女	数据库原理及应用	91	80	88.8	0.0	良	42	03/15/85	09/01/08	514	T	Gen
010718	郑天一	男	数据库原理及应用	65	80	68.0	0.0	中	41	11/21/87	09/01/08	489	T	Gen
010332	李子豪	男	数据库原理及应用	92	80	89.6	0.0	良	42	06/05/87	09/01/08	499	T	Gen
010714	陈梓翰	男	数据库原理及应用	85	80	84.0	0.0	良	04	07/30/88	09/16/86	516	T	Gen
010714	陈梓翰	男	大学计算机应用基础	75	80	76.0	0.0	良	04	07/30/88	09/16/86	516	T	Gen
010714	陈梓翰	男	VFP数据库程序设计	78	80	78.4	0.0	良	04	07/30/88	09/16/86	516	T	Gen

图 3-45 “学生成绩表”浏览窗口

3.9.4 表文件的更新

随着时间和条件的改变，表文件中某些字段值需要更新。Visual FoxPro 系统提供了一种用指定数据文件的数据更新另一个表文件数据的方法。

格式：

```
UPDATE ON〈关键字段〉FROM〈别名|工作区号〉REPLACE〈字段 1〉WITH〈表达式 1〉
[,〈字段 2〉WITH〈表达式 2〉…][RANDOM]
```

功能：用〈别名|工作区号〉指定的表的数据更新当前工作区表中的数据。

说明：

① 〈关键字段〉：必须为两个表所共有。

② 〈别名|工作区号〉：用来进行数据更新的表文件。

③ 〈字段 1〉 WITH〈表达式 1〉：用〈表达式 1〉的值更新〈字段 1〉的内容，表达式中出现的别名库中的字段应以前缀“别名.”标识。

④ RANDOM 选项：若选用此选项，表示别名区中文件不需索引或按关键字段升序排列；否则，两个表文件都必须以关键字段索引或按关键字段升序排列。

⑤ 命令的执行过程如下：对当前工作区表中的每个记录，均根据关键字在别名库中寻找相应的记录。找到后，分别用〈表达式 1〉的值来替换〈字段 1〉的值，〈表达式 2〉的值来替换〈字段 2〉的值，依此类推；如果找不到相应的记录，则不执行更新操作。若当前工作区表中有多个关键字值相同的记录，则只对第一条进行更新。若别名库中有多个关键字值相同的记录，则对当前表中相应的记录进行多次更新。

小 结

本章比较完整地介绍了 Visual FoxPro 数据库的概念，如何建立和使用 Visual FoxPro 数据库，以及如何实现对表的各种基本操作，主要内容如下：

（1）数据库的概念和建立方法，以及数据库的相关操作（如打开、关闭、修改和删除数据库等）。

（2）数据的完整性包括实体完整性、域完整性和参照完整性。

（3）表的概念，表的建立和向表中输入数据。

（4）表的基本操作包括打开和关闭表，修改表结构和表数据，表中记录的定位、删除和替换等操作。

（5）表的排序、索引及查询方式。

（6）表中数值字段的统计方法。

（7）多个工作表的相关操作。

练 习 题

选择题

1. 创建数据库文件的命令是（　　　）。
   A. CREATE
   B. CREATE FILE
   C. CREATE TABLE
   D. CREATE DATABASE

2. 参照完整性规则的类型有（　　　）。
   A. 更新规则、删除规则、恢复规则
   B. 循环规则、输入规则、插入规则
   C. 更新规则、删除规则、插入规则
   D. 查询规则、删除规则、排序规则

3. 创建数据表时，可以给字段规定 NULL 值或 NOT NULL 值，NULL 值的含义是（　　　）。
   A. 0
   B. 空格
   C. NULL
   D. 不确定

4. 在 Visual FoxPro 中创建数据库后，系统自动生成的 3 个文件的扩展名分别为（　　　）。
   A. . pjx、. pjt、. prg
   B. . dbc、. dct、. dcx
   C. . fpt、. frx、. fxp
   D. . dbc、. sct、. scx

5. 数据库中添加表的操作时，下列叙述中不正确的是（　　　）。
   A. 可以将一个自由表添加到数据库中
   B. 可以在项目管理器中将自由表拖放到数据库中
   C. 可以将一个数据库表直接添加到另一个数据库中
   D. 欲使一个数据库表成为另一个数据库的表，则必须先使其成为自由表

6. 表之间的"一对多"关联是指（　　　）。
   A. 一个表与多个表之间的关系
   B. 一个表中的记录对应另一个表中的多条记录
   C. 一个表中的记录对应多个表中的一条记录
   D. 一个表中的记录对应多个表中的多条记录

7. 对于 Visual FoxPro 中的参照完整性规则，下列叙述中错误的是（　　　）。
   A. 更新规则中当父表中记录的关键字值被更新时触发
   B. 删除规则是当父表中记录被删除时触发
   C. 插入规则是当父表中插入或更新记录时触发
   D. 插入规则只有两个选项：限制和忽略

8. 打开一个数据库，执行（　　　）命令。

A. OPEN DATABASE   B. USE

C. CLEAR   D. CLOSE

9. 关于数据库的操作,下列叙述中正确的是(　　　)。

   A. 数据库被删除后,它包含的数据库表也随之被删除

   B. 打开了新的数据库,则原先打开的数据库将被关闭

   C. 数据库被关闭后,它所包含的数据库表不能被打开

   D. 数据库被删除后,它所包含的表可以自动地变成自由表

10. ZAP 命令可以删除当前数据表文件的(　　　)。

   A. 全部记录   B. 记录和结构

   C. 满足条件的记录   D. 记录,但记录可以恢复

11. 在下面的 Visual FoxPro 命令中,不能修改数据记录的命令是(　　　)。

   A. BROWSE   B. EDIT

   C. CHANGE   D. MODIFY

12. 用户已在不同的工作区打开了多个表,使用(　　　)命令,系统将给出当前工作区的区号。

   A. SELECT   B. SELECT( )

   C. ? SELECT( )   D. ? SELECT

13. 命令 INSERT BLANK 的功能是(　　　)。

   A. 在当前记录前增加一条空记录   B. 在库文件末尾增加一条记录

   C. 在当前记录后增加一条空记录   D. 在库文件开始增加一条空记录

14. 要把表 X 中全部记录的学号和姓名复制到表 Y 中,应使用命令(　　　)。

   A. USE X COPY TO Y FIELDS 学号,姓名   B. USE X COPY TO Y 学号,姓名

   C. COPY X TO Y FIELDS 学号,姓名   D. COPY FILE TO Y 学号,姓名

15. 计算各类职称的工资总和,并把结果存入 ZCGZ 表中,应使用命令(　　　)。

   A. SUM 职称 TO ZCGZ

   B. SUM 工资 TO ZCGZ

   C. TOTAL ON 职称 TO ZCGZ FIELDS 工资

   D. TOTAL ON 职称 TO ZCGZ FIELDS 工资

填空题

1. 索引文件分为(　　　)和(　　　)两种。

2. 在设置表之间的参照完整性规则时,系统给定的更新和删除规则有 3 个,即级联、限制和忽略;而插入规则仅有两个,即(　　　)和(　　　)。

3. 在一个有 7 条记录的表中,执行 LIST 命令后,再执行 SKIP−3,这时记录指针指向第(　　　)记录。

4. 显示当前学生档案表中所有"出生日期"在 1989 年 1 月 1 日后的记录,应使用命令(　　　)。

5. 在 Visual FoxPro 中数据库文件的扩展名是(　　　),数据库表文件的扩展名是(　　　)。

6. 向数据库中添加的表应该是当前不属于(　　　)的自由表。

7. Visual FoxPro 系统中根据索引功能的不同,分为主索引、(　　　)、(　　　)和普通索引。

8. 在 Visual FoxPro 中通过建立主索引或候选索引来实现(　　　)完整性约束。

第4章
查询和视图

Visual FoxPro 系统为用户提供了两个可视化工具：查询设计器和视图设计器，用于完成对数据的查询。使用这两个可视化工具的基础是掌握 SQL 语言的基本用法。SQL 是关系数据库的标准语言，目前流行的关系数据库管理系统都支持 SQL。本章介绍 SQL 语句的基本用法以及查询设计器和视图设计器的使用。

4.1 关系数据库标准语言 SQL

4.1.1 SQL 概述

1. 概述

SQL(Structure Query Language,结构化查询语言)是对数据库中的数据进行组织、管理和检索的工具。其功能主要包括数据定义、数据控制、数据操纵和数据查询，其中最重要的是数据查询功能。最早的 SQL 标准是于 1986 年 10 月由美国 ANSI(American National Standards Institute)公布的。之后，对其进行了多次修改，现在使用的是由 ISO(International Standards Organization)于 1992 年 11 月公布的 SQL 标准，即 SQL92。

2. SQL 语言的特点

SQL 被作为关系型数据库管理系统的标准语言，数据的所有操作几乎都可以通过 SQL 语句来完成。SQL 语言的主要特点如下：

① 功能全。它包括了数据定义、数据查询、数据操纵和数据控制方面的功能，基本可以完成数据库中的全部工作。

② 语言非常简洁。它很接近英语自然语言，因此容易记忆和学习。

③ 语言的执行方式多样。它可以直接以命令方式交互使用，也可以嵌入到程序设计语言中，以程序方式使用。现在很多数据库应用开发工具都将 SQL 语言直接融入到自身的语言之中。

④ 非过程化的语言。用 SQL 语句解决一个问题时，用户只需告诉系统要干什么就可以了，实现过程是由系统自动完成的。

4.1.2 数据定义

标准 SQL 的数据定义功能非常广泛，一般包括数据库的定义、表的定义、视图的定义、存储过程的定义、规则的定义和索引的定义等若干部分。本节主要介绍 Visual FoxPro 支持的表定义功能。

1. 建立表命令

格式：

```
CREATE TABLE|DBF〈表名 1〉[NAME〈长表名〉][FREE]
(〈字段名 1〉〈字段类型〉[(字段长度[,小数位数])][NULL|NOT NULL]
[CHECK〈逻辑表达式 1〉[ERROR〈出错信息 1〉]]
[DEFAULT〈表达式 1〉]
[PRIMARY KEY|UNIQUE]
[REFERENCES〈表名 2〉[TAG〈索引标识 1〉]]
[NOCPTRANS]
[,〈字段名 2〉…]
[,PRIMARY KEY〈表达式 2〉TAG〈索引标识 2〉|,UMQUE〈表达式 3〉TAG〈索引标识 3〉]
[,FOREIGN KEY〈表达式 4〉TAG〈索引标识 4〉]
…)
```

功能：创建表。

说明：

从以上语法格式基本可以看出，用 CREATE TABLE 命令建立表可以完成用前面介绍的表设计器完成的所有功能。除了建立表的基本功能外，它还包括满足实体完整性的主关键字（主索引）PRIMARY KEY、定义域完整性的 CHECK 约束及出错提示信息 ERROR，定义默认值的 DEFAULT 等。另外还有描述表之间联系的 FOREIGN KEY 和 REFERENCES 等。

【例 4 - 1】 创建表"学生表.dbf"。

```
CREATE TABLE 学生表 FREE(学号 C(10) PRIMARY KEY,姓名 C(8),性别 C(2),年龄 N(2);
CHECK(年龄 > = 10 AND 年龄<100) ERROR "年龄范围有误")
```

本例创建了一个自由表"学生表.dbf"，该表包含 4 个字段。其中字段"年龄"为数值型，长度为 2，该字段的约束条件是输入数值必须在 10 到 99 之间，否则会显示出错信息"年龄范围有误"。

2. 修改表命令

格式 1：

```
ALTER TABLE〈表名 1〉
ADD|ALTER[COLUMN]〈字段名〉〈字段类型〉[(〈字段宽度〉[,〈小数位数〉])]
[NULL|NOT NULL]
[CHECK〈逻辑表达式〉[ERROR〈出错信息〉]]
```

［DEFAULT〈表达式〉］

［PRIMARY KEY IUNIQUE］

［REFERENCES〈表名 2〉［TAG〈索引标识〉]］

功能：添加新字段或修改已有字段。

格式 2：

ALTER TABLE〈表名〉

ALTER［COLUMN]〈字段名〉

［NULL|NOT NULL]

［SET CHECK〈逻辑表达式〉［ERROR〈出错信息〉]］

［SET DEFAULT〈表达式〉］

［DROP CHECK］

［DROP DEFAULT］

功能：定义、修改、删除有效性规则和默认值定义。

格式 3：

ALTER TABLE〈表名 1〉［DROP［COLUMN]〈字段名〉］

［SET CHECK〈逻辑表达式〉［ERROR〈出错信息〉]］［DROP CHECK］

［ADD PRIMARY KEY〈主关键字〉TAG〈索引标识 1〉［FOR〈条件表达式 1〉]］

［DROP PRIMARY KEY］

［ADD UNIQUE KEY〈候选关键字〉TAG〈候选索引标识 1〉［FOR〈条件表达式 2〉]］

［DROP UNIQUE TAG〈候选索引标识 2〉］

［ADD FOREIGN KEY〈外部关键字〉TAG〈索引标识 2〉［FOR〈条件表达式 3〉]］

［REFERENCES〈表名 2〉［TAG〈索引标识 3〉]］

［DROP FOREIGN KEY TAG〈索引标识 4〉［SAVE]］

［RENAME COLUMN〈原字段名〉TO〈新字段名〉］

功能：修改表的结构，完成删除字段、修改字段以及定义、修改和删除表级有效性规则等操作。

说明：

格式 1 和格式 2 均不能删除字段，也不能更改字段名称，所做的修改都属于字段级；而格式 3 可以在表级对字段进行修改。

【例 4-2】 修改表命令。

```
ALTER TABLE 学生 ADD COLUMN 爱好 C(12)          && 添加字段
ALTER TABLE 学生 RENAME COLUMN 爱好 TO 特长      && 重命名字段
ALTER TABLE 学生 DROP COLUMN 特长               && 删除字段
```

4.1.3 数据操纵

利用 SQL 中的数据操纵语句可以完成基本的数据操作，包括插入、更新和删除等操作。

1. 插入记录

Visual FoxPro 支持两种 SQL 插入命令的格式，可以说格式 1 是标准格式，格式 2 是

Visual FoxPro 的特殊格式。

格式1:

INSERT INTO 〈表名〉[(〈字段名1〉[,〈字段名2〉,…])] VALUES(〈表达式1〉[〈表达式2〉,…])

格式2:

INSERT INTO 〈表名〉 FROM ARRAY 〈数组名〉|FROM MEMVAR

功能:向表中插入记录。

说明:

① INSERT INTO〈表名〉表示向指定表中插入记录;如果插入的不是完整的记录,可以用字段名表来指定字段。

② VALUES〈表达式1〉[〈表达式2〉,…]给出插入记录的具体值。

③ FROM ARRAY〈数组名〉表示从指定的数组向表中插入记录。

④ FROM MEMVAR 是根据同名的内存变量来插入记录值;如果同名变量不存在,则相应的字段为默认值或空。

【例4-3】 向"学生表.dbf"中插入一条记录。

INSERT INTO 学生表 (学号,姓名,性别) VALUES("010632","张三","男")

2.修改记录

格式:

UPDATE 〈表名〉
SET 〈字段名1〉 = 〈表达式1〉[,〈字段名2〉,〈表达式2〉…[WHERE 〈条件表达式〉]]

功能:用指定值更新记录。

> **注意:**
> 在更新记录时,一般使用 WHERE 子句指定更新条件;如果省略条件,则更新全部记录。

【例4-4】 修改学生信息。

UPDATE 学生表 SET 姓名 = "李四" WHERE 学号 = "010631"

3.删除记录

格式:

DELETE FROM 〈表名〉[WHERE 〈条件表达式〉]

功能:从指定表中逻辑删除记录。

说明:如果省略 WHERE 子句将删除所有记录。

【例4-5】 删除学生表中学号为 010631 的学生记录。

DELETE FROM 学生表 WHERE 学号 = "010631"

本命令只是逻辑删除指定的记录。

4.1.4 数据查询

数据查询是数据库中最基本的操作。SQL 的主要功能是查询,查询命令也称为 SELECT 命令,其基本功能就是把数据表中的数据检索出来,以便用户浏览和使用。

1.简单查询

格式:

SELECT[ALL|DISTINCT] [TOP 〈数值表达式〉[PERCENT]]

[〈表名 1〉[〈别名 1〉]···] [,〈表名 2〉[〈别名 2〉]···]

WHERE 〈条件表达式〉[ORDER BY 〈关键字表达式〉[ASC/DESC]]

功能:查询记录。

说明:

① SELECT:指定查询结果中包含的字段、常量和表达式。

② FROM:指定检索的表名。

③ WHERE:指定检索条件。

④ ALL:输出所有记录,包括重复记录。

⑤ DISTINCT:输出无重复结果的记录。

⑥ TOP 〈数值表达式〉[PERCENT]:在符合查询条件的所有记录中,选取指定数量或百分比(包含 PERCENT 关键字时)的记录。TOP 子句必须与 ORDER BY 子句同时使用。TOP 子句根据 ORDER BY 子句的排序选定最开始的 N 个或以百分比给出数量的记录。

⑦ 〈别名〉:当选择多个数据表中的字段时,用来区分相同名称的字段。

【例 4-6】 列出表"学生表.dbf"中的女生记录。

SELECT 学号,姓名,性别,入学成绩 FROM 学生表 WHERE 性别 = "女"

运行结果如图 4-1 所示。

【例 4-7】 列出"学生表"中"入学成绩"在 500 到 520 之间的学生记录。

SELECT 学号,姓名,性别,入学成绩 FROM 学生表 WHERE 入学成绩 BETWEEN 500 AND 520

运行结果如图 4-2 所示。

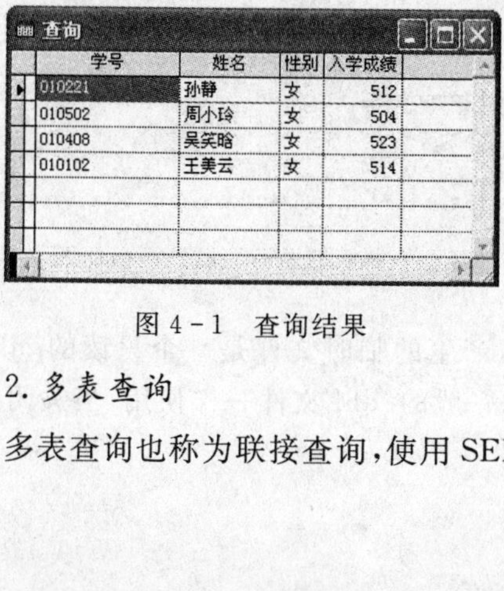

图 4-1 查询结果

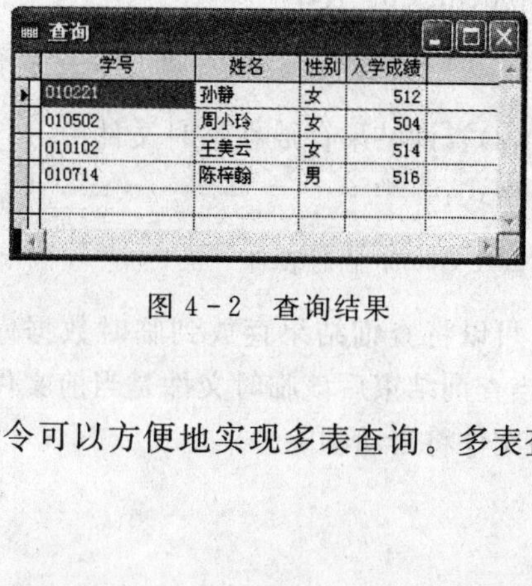

图 4-2 查询结果

2.多表查询

多表查询也称为联接查询,使用 SELECT 命令可以方便地实现多表查询。多表查询通过公共字段将若干个表联接起来。

【例 4-8】 列出所有学生的成绩，要求给出“学号”、“姓名”、“课程名称”和“考试成绩”。

```
SELECT a.学号,a.姓名,b.课程名称,b.考试成绩 FROM 学生表 a,成绩表 b WHERE a.姓名 = b.姓名
```

运行结果如图 4-3 所示。

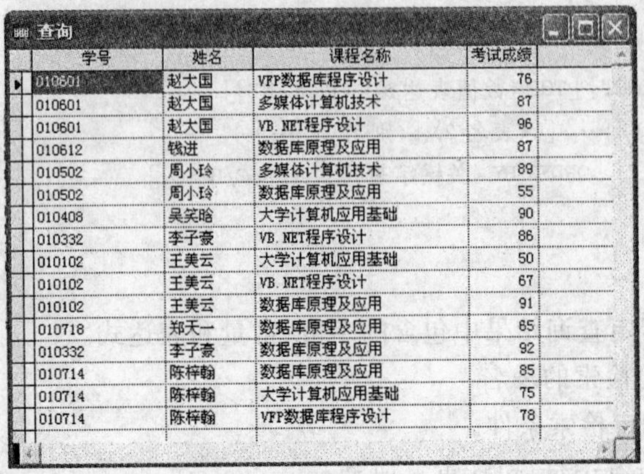

学号	姓名	课程名称	考试成绩
010601	赵大国	VFP数据库程序设计	76
010601	赵大国	多媒体计算机技术	87
010601	赵大国	VB.NET程序设计	96
010612	钱进	数据库原理及应用	87
010502	周小玲	多媒体计算机技术	89
010502	周小玲	数据库原理及应用	55
010408	吴笑晗	大学计算机应用基础	90
010332	李子豪	VB.NET程序设计	86
010102	王美云	大学计算机应用基础	50
010102	王美云	VB.NET程序设计	67
010102	王美云	数据库原理及应用	91
010718	郑天一	数据库原理及应用	65
010332	李子豪	数据库原理及应用	92
010714	陈梓翰	数据库原理及应用	85
010714	陈梓翰	大学计算机应用基础	75
010714	陈梓翰	VFP数据库程序设计	78

图 4-3 查询结果

提示：

查询涉及两个表：“成绩表.dbf”和“学生表.dbf”，“成绩表”中含有“学号”、“课程名称”、“考试成绩”等字段。学生姓名可以从“学生表”中查到，两个表的公共字段是“姓名”。

3. 查询结果的保存

(1)查询结果存放到永久表中

格式：

```
INTO DBF|TABLE 表名
```

【例 4-9】 将表“学生表.dbf”中的所有记录按入学成绩升序排序的查询结果保存到“student.dbf”表中。

```
SELECT * FROM 学生表 ORDER BY 入学成绩 INTO TABLE student
```

(2)查询结果存放在临时文件中

格式：

```
INTO CURSOR 临时表名
```

可以将查询结果存放到临时数据库文件中，产生的临时文件是一个只读的.dbf 文件，当查询结束后该临时文件是当前文件，可以像一般的.dbf 文件一样使用，当关闭文件时该文件将自动删除。

【例4-10】 将表"学生表.dbf"中的所有记录按入学成绩升序排序的查询结果保存到临时表"student1.dbf"表中。

```
SELECT * FROM 学生表 ORDER BY 入学成绩 INTO CURSOR student1
```

4.2　查询设计器

实际上,查询就是将预先定义好的一个SQL SELECT语句,存储在一个文件中,以便需要时可以直接或反复使用,从而提高效率。查询是指从指定的表或视图中提取满足条件的记录,然后按照想得到的输出类型定向输出查询结果,如浏览器、报表、表、标签等。查询是以扩展名为.qpr的文件保存在磁盘上的,这是一个文本文件,它的主体是SQL SELECT语句,另外还有和输出定向有关的语句。查询设计器是系统提供的可视化工具之一。利用查询设计器可以方便地设定查询条件,并且将这些条件保存到查询文件中。

4.2.1　启动查询设计器

在启动查询设计器后,在菜单栏中会增加"查询"菜单。在窗口中还添加了"查询设计器"工具栏用于添加或删除表。

查询设计器界面的各选项卡功能如下。

(1)字段:指定SELECT命令要输出的字段。双击"可用字段"列表框中的字段,可以将其添加到右边的列表框中;单击"全部添加"按钮,可以添加全部字段。

(2)联接:如果要查询多个表,需要在"联接"选项卡中输入联接表达式。

(3)筛选:指定选择记录的条件,对应SELECT命令中的WHERE子句的表达式。

(4)排序依据:指定排序条件,对应ORDER BY字句的表达式。

(5)分组依据:对应GROUP BY子句的表达式。

(6)杂项:指定是否要重复记录(对应于DISTINCT)及列在前面的记录(对应于TOP短语)等。

4.2.2　查询设计器的使用

【例4-11】 查询"学生表"数据表中男生的"学号"、"姓名"、"入学成绩",并按"学号"字段排序。

操作步骤如下:

① 启动查询设计器,打开"添加表或视图"对话框,添加"学生表.dbf",单击"关闭"按钮,打开"查询设计器"窗口。

② 在"字段"选项卡中选择字段"学号"、"姓名"和"入学成绩",单击"添加"按钮将其添加到"选定字段"列表框中或双击上述各字段,如图4-4所示。

③ 选择"筛选"选项卡,在"字段名"组合框中选择筛选的字段"学生表.性别",在"条件"组合框中选择一选项,在"实例"文本框中输入:'男',如图4-5所示。

④ 选择"排序依据"选项卡,双击字段"学生表.学号",设置查询结果按"学号"排序,

如图 4-6 所示。

⑤ 选择"查询"→"运行查询"命令,显示结果如图 4-7 所示。

⑥ 选择"文件"→"保存"或"另存为"命令,输入文件名,可以将上述查询过程保存为查询文件,查询文件的扩展名为. qpr,使用 DO〈查询文件名〉可以运行查询文件得到查询的结果。

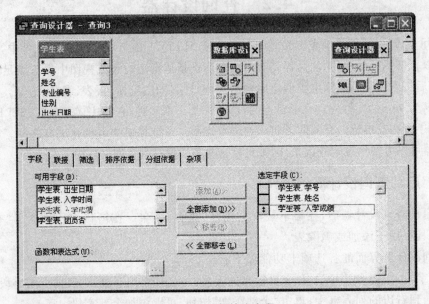

图 4-4　选择输出字段

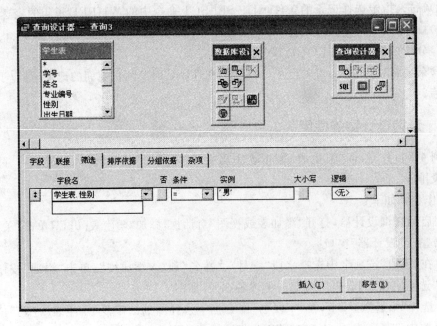

图 4-5　设置筛选条件

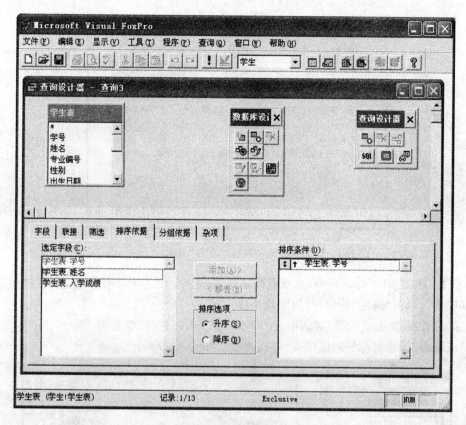

图 4－6 设置排序

图 4－7 查询结果

4.2.3 建立多表查询

多表查询涉及两个以上的表。要实现多表查询,必须将表联接起来。

【例 4－12】 列出"赵大国"同学的各科成绩,要求给出"学号"、"姓名"、"课程名称"和"考试成绩",并按照"考试成绩"进行排序。

操作步骤如下:

① 启动查询设计器,在"添加表或视图"对话框中,分别将"学生表"和"成绩表"添加到查询设计器中,打开"联接条件"对话框,如图 4－8 所示。

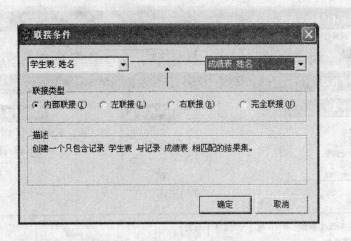

图 4-8 "联接条件"对话框

② 在"联接条件"对话框中,选择联接条件:学生表.姓名＝成绩表.姓名,联接类型为"内部联接",单击"确定"按钮,使用默认条件。

③ 关闭"添加表或视图"对话框,在"字段"选项卡中选择"学生表.学号"、"学生表.姓名"、"成绩表.课程名称"和"成绩表.考试成绩",如图 4-9 所示。

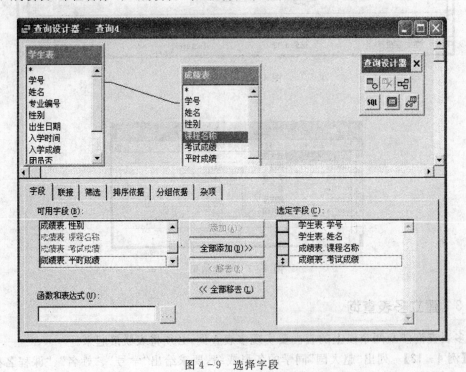

图 4-9 选择字段

④ 选择"筛选"选项卡,设定筛选条件:学生表.姓名＝'赵大国',如图 4-10 所示。

⑤ 选择"排序依据"选项卡,双击字段"成绩表.考试成绩",添加到"排序条件"列表框中,运行查询,显示结果如图 4-11 所示。

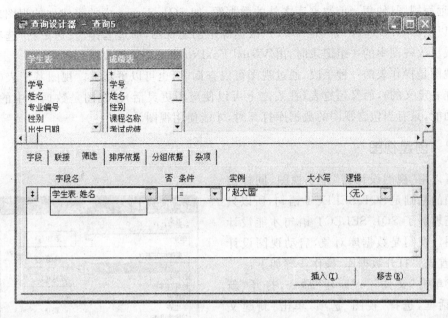

图 4-10 选择筛选条件

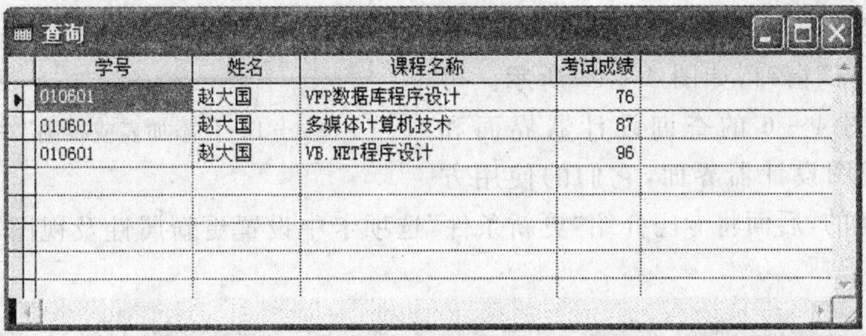

图 4-11 查询结果

4.3 视图设计器

4.3.1 视图的概念

视图兼有"表"和"查询"的特点:与表相类似的地方是可以用来更新其中的信息,并将更新结果永久保存在磁盘上;与查询相类似的地方是可以用来从一个或多个相关联的表中提取有用信息。可以用视图使数据暂时从数据库中分离成为自由数据,以便主系统收集和修改数据。

使用视图可以从表中提取一组记录,改变这些记录的值,并把更新结果送回到基表中,可以从本地表、其他视图、存储在服务器上的表或远程数据源中创建视图,所以Visual FoxPro 的视图又分为本地视图(使用当前数据库中 Visual FoxPro 表建立的视图)和远程视图(使用当前数据库之外的数据源,如 SQL Server 中的表建立的视图)。例如,可以从 SQL Server 或其他 ODBC 数据源中创建视图,通过选择"发送更新"选项,在更新或更改视图中的一组记录时,由 Visual FoxPro 将这些更新发送到基表中。

视图是操作表的一种手段,通过视图可以查询表,也可以更新表。视图基于表(视图是根据表定义的),而又超越表(在表之上可以使应用更灵活)。视图是数据库中的一个特有功能,只有当包含视图的数据库打开时,才能使用视图。

4.3.2 创建视图

可以用"视图设计器"建立视图,同样由于视图的基础是 SQL SELECT 语句,所以只有真正理解了 SQL SELECT 语句才能设计好视图。视图是数据库对象,启动视图设计器前,首先要打开数据库,操作步骤如下:

①单击"文件"→"新建"命令,打开"新建"对话框,选择"视图"选项,单击"新建文件"按钮,打开"添加表或视图"对话框,如图 4-12 所示。

②在视图中添加表后关闭该对话框,打开"视图设计器"窗口,如图 4-13 所示。可以对照一下图 4-6 的查询设计器界面和图 4-13 的视图设计器界面,它们的使用方

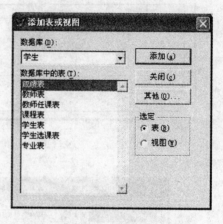

图 4-12 "添加表或视图"对话框

式几乎是一样的,后面将专门介绍"更新条件"选项卡中设置更新属性及视图与数据更新的内容。

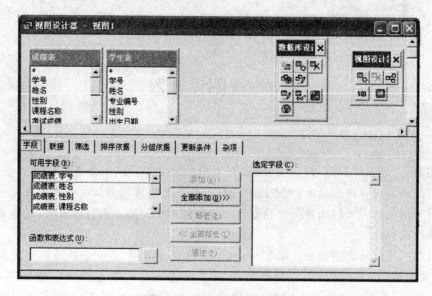

图 4-13 "视图设计器"窗口

4.3.3　视图设计器的使用

在"视图设计器"窗口中,除"更新条件"选项卡外,其余选项卡的功能与查询设计器完全相同。利用"更新条件"选项卡可以设置可更新的表和更新方式。打开"更新条件"选项卡,如图4-14所示。各部分项目功能如下。

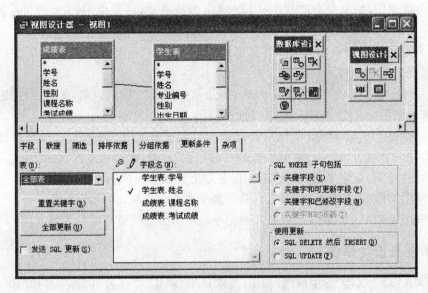

图4-14　"更新条件"选项卡

(1)表:显示了视图中所使用的表,通过选定其中的选项可以指定哪些表中的字段可以在"字段名"列表框中显示,以便设置更新条件。如果视图是基于多个表的,默认可以更新"全部表"的相关字段,如果要指定只能更新某个表的数据,则可以通过"表"下拉列表框选择表。

(2)字段名:显示所选基表的字段,可以输出和更新这些字段。在"字段名"列表框中除显示字段名外,还包含有"关键字段" 🔑 和"可更新字段" ✏ 两列内容。"关键字段"可用来使视图中的修改与表中的原始记录相匹配。标记"可更新字段"可使字段数据得以更新。

> 📖 **提示:**
>
> 如果要指定某个字段为关键字段,则单击"关键字段" 🔑 栏下的相应字段行,打上符号"√";如果要指定某个字段为可更新字段,则单击"可更新字段" ✏ 下的相应字段行,打上符号"√",再次单击符号"√"可以清除选择。

(3)重置关键字:重新选择表的主关键字字段作为视图的关键字字段。

(4)全部更新:将当前基表中除关键字字段之外的所有字段选定为可更新字段。

(5)发送SQL更新:选定可更新字段后,"发送SQL更新"复选框才可用。"发送

SQL 更新"选项是一个主开关,用于指定是否将视图记录中的修改发送到基表。如果要将视图的更新信息传送回基表,必须选中此项。

(6)SQL WHERE 子句包括:检测更新冲突。冲突是由视图中的原值和基表当前值的比较结果决定的,如果两个值相等,则认为数据未做修改,不存在冲突;如果它们不相等,则存在冲突,数据源返回一条错误提示信息。子句中各选项的含义如下。

① 关键字段:如果在基表中有一个关键字段被改变,设置 WHERE 子句检测冲突。对表中原始记录的其他字段进行修改时,不进行检测。

② 关键字和可更新字段:如果有用户修改了关键字段或任何可更新字段,设置 WHERE 子句检测冲突。

③ 关键字和已修改字段(默认设置):如果从视图首次检索以后,关键字段或基表记录的已修改字段中某个字段被修改,设置 WHERE 子句检测冲突。

④ 关键字和时间戳:如果自基表记录的时间戳首次检索以后,它被修改过,设置 WHERE 子句检测冲突。只有当远程表有"时间戳"列时,此选项才有效。

(7)使用更新:指定字段如何在后端服务器上更新。各选项的含义如下。

① SQL DELETE 然后 INSERT:指定删除原始表记录,创建新记录。

② SQL UPDATE(默认设置):用视图字段中值的变化更新原始表的字段。

4.3.4 视图设计举例

【例 4-13】 创建"学生成绩"视图,要求显示"学号"、"姓名"、"课程名称"和"考试成绩",并且要求只能更新"考试成绩"字段。

操作步骤如下:

① 打开数据库文件"学生.dbc"。启动视图设计器,在"添加表或视图"对话框中,分别将"学生表"和"成绩表"添加到视图设计器中,打开"联接条件"对话框。

② 在"联接条件"对话框中,默认联接条件:学生表.姓名=成绩表.学号,联接类型为"内部联接",单击"确定"按钮,然后关闭"添加表或视图"对话框。

③ 在"字段"选项卡中选择字段"学生表.学号"、"成绩表.姓名"、"成绩表.课程名称"和"成绩表.考试成绩"。

④ 在"更新条件"选项卡中的"表"下拉列表框中选择可更新表"成绩表",在"字段名"列表框中选择成绩的更新关键字"成绩表.考试成绩",然后再选择更新字段"成绩表.考试成绩"。

⑤ 在"SQL WHERE 子句包括"区域选中"关键字和可更新字段"单选按钮,在"使用更新"区域选中"SQL UPDATE"单选按钮,然后选中"发送 SQL 更新"复选框,如图 4-15所示。

⑥ 视图设计完成后,选择"文件"→"保存"命令,系统要求输入视图名称,这里输入视图名称"学生成绩",单击"确定"按钮。此时,在数据库"学生.dbc"中会添加一个视图文件"学生成绩.vue",如图 4-16 所示。

⑦ 浏览视图打开相应的数据库,在"数据库设计器"窗口中双击视图对象,或者先选中视图,再选择"数据库"→"浏览"命令,就可以在浏览窗口中显示文件内容,如图 4-17 所示。

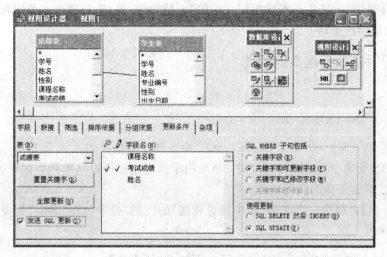

图 4-15　设置"更新条件"选项卡

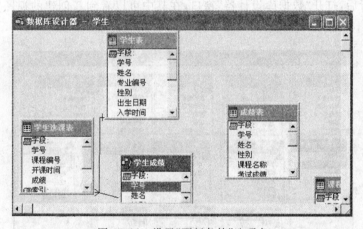

图 4-16　设置"更新条件"选项卡

学号	课程名称	考试成绩	姓名
010601	VFP数据库程序设计	76	赵大国
010601	多媒体计算机技术	87	赵大国
010601	VB.NET程序设计	96	赵大国
010612	数据库原理及应用	87	钱进
010502	多媒体计算机技术	89	周小玲
010502	数据库原理及应用	55	周小玲
010408	大学计算机应用基础	90	吴笑晗
010332	VB.NET程序设计	86	李子豪
010102	大学计算机应用基础	50	王美云
010102	VB.NET程序设计	67	王美云
010102	数据库原理及应用	91	王美云
010718	数据库原理及应用	65	郑天一
010332	数据库原理及应用	92	李子豪
010714	数据库原理及应用	85	陈梓翰
010714	大学计算机应用基础	75	陈梓翰
010714	VFP数据库程序设计	78	陈梓翰

图 4-17　浏览视图

⑧ 打开视图后,选中某条学生记录中的"成绩"字段值,进行更改。关闭视图后,原数据表中的数据即被更新。

4.3.5 使用命令创建本地视图

格式:

CREATE SQL VIEW〈视图名〉[AS SELECT-SQL 命令]

功能:按照 AS 子句中的 SELECT-SQL 命令创建本地视图。

说明:AS 子句中的 SELECT-SQL 命令用于指定视图可以从哪些数据库表中提取数据,以及设置多表查询的联接条件。

【例 4-14】 创建一个名为"学生信息视图"的视图,要求包含"学生"数据库中"学生表"的所有字段。

CREATE SQL VIEW 学生信息视图 AS SELECT * FROM 学生! 学生表

语句执行后,打开"数据库设计器"窗口,在其中可以看到新创建的视图"学生信息视图",如图 4-18 所示。

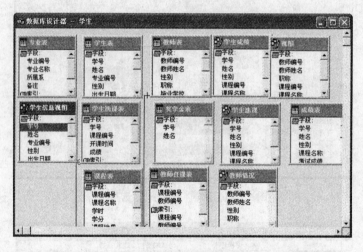

图 4-18 创建本地视图

小 结

本章介绍了 SQL 的基本概念及其应用,查询和视图的概念、建立方法及使用。查询可以使用户从数据库中获取所需的结果。视图也可以和查询一样从数据库中获取所需的结果,且视图能够从本地或远程表中提取一组记录,还可以将更改结果发送回基表。主要内容如下:

(1)SQL 基本语句的使用方法。

(2)建立查询的方法。

(3)建立视图的方法。

练 习 题

选择题

1. 以下关于查询描述正确的是（　　）。

    A. 不能根据视图建立查询

    B. 可以将修改的数据写回数据库

    C. 只能根据数据库表建立查询

    D. 查询存于扩展名为.qpr 的文件中

2. 以下关于视图描述正确的是（　　）。

    A. 能根据查询建立视图

    B. 可以将修改的数据写回数据库

    C. 只能根据数据库表建立视图

    D. 视图存于扩展名为.qpr 的文件中

3. 查询设计器和视图设计器的主要不同表现在（　　）。

    A. 查询设计器有"更新条件"选项卡, 没有"查询去向"选项

    B. 查询设计器没有"更新条件"选项卡, 有"查询去向"选项

    C. 视图设计器没有"更新条件"选项卡, 有"查询去向"选项

    D. 视图设计器有"更新条件"选项卡, 也有"查询去向"选项

4. Visual FoxPro 查询设计器中创建的查询文件扩展名为（　　）。

    A. .prg   B. .qpr   C. .mpr   D. .dbf

5. 建立多表查询要求各个表之间（　　）。

    A. 必须有联系   B. 必须是独立的

    C. 可以有联系也可以是独立的   D. 没有具体要求

填空题

1. 查询设计器的"筛选"选项卡用来指定查询的（　　）。

2. 通过视图, 不仅可以查询数据库, 还可以（　　）数据库表。

第5章
程序设计基础

使用菜单或在命令窗口中输入命令是 Visual FoxPro 常用的两种交互式操作方式。Visual FoxPro 的另一种工作方式是把相关的操作命令组织在一起,存放到一个文件中,执行某个文件完成一定的功能,这个文件就称为程序。当发出执行程序的命令后,Visual FoxPro 就会自动地依次执行程序中的命令,这就是 Visual FoxPro 的程序工作方式。本章介绍程序设计基本概念、程序的结构和程序设计方法。

5.1 程序文件的建立、修改和运行

Visual FoxPro 的程序文件是以 .prg 为扩展名的文本文件,可以使用各种文本编辑软件来创建或编辑程序,利用 Visual FoxPro 内置的文本编辑器书写程序是一种常见的方法。

5.1.1 程序文件的建立和修改

程序文件的建立和修改可以通过命令来实现。
格式:

```
MODIFY COMMAND [〈文件名〉]
```

执行 MODIFY COMMAND 命令调用 Visual FoxPro 的文本编辑器,〈文件名〉指明要建立或者修改的文件。执行该命令时,首先检查磁盘上是否存在该文件,若文件不存在,建立文件,默认扩展名为 .prg;若文件存在,打开已有的文件进行修改编辑。建立或修改完成的文件按 Ctrl+W 组合键保存。

程序文件的建立和修改也可以通过菜单方式或者在项目管理器中完成。

5.1.2 程序文件的运行

1. 运行程序文件

Visual FoxPro 程序文件使用 DO 命令执行。

格式：

DO〈文件名〉

该命令既可以在命令窗口中执行，也可以在程序中使用，这样就可以在一个程序中调用另外一个程序。

【例 5-1】 执行建立的程序文件"用户项目.prg"。

只需在命令窗口中输入：

DO 用户项目

使用"程序"→"运行"命令或常用工具栏上的 ❗ 按钮也可以运行程序。

> **注意：**
>
> 在 Visual FoxPro 中，程序文件的默认扩展名是.prg，所以在用 DO 命令执行程序文件时可以省略扩展名。另外，在 Visual FoxPro 中还有其他一些由命令构成的文本文件，如查询文件（扩展名为.qpr）、菜单文件（扩展名为.mpr），它们实际上也是程序文件，可以用 DO 命令执行，但是执行这些文件时扩展名不能省略。

2.运行中断和结束命令

Visual FoxPro 的应用程序可以根据需要中断运行并返回命令窗口，或返回到操作系统，也可以返回到调用它的上一级程序或最高级主程序。

格式 1：

CANCEL

功能：终止程序运行，关闭所有文件，释放所有局部变量，返回命令窗口。

格式 2：

RETURN [TO MASTER]

功能：结束当前程序的执行，返回到调用它的上一级程序。TO MASTER 选项表示直接返回到最高一级的主程序。若无上级程序，则返回到命令窗口。

格式 3：

QUIT

功能：关闭所有文件，退出 Visual FoxPro 系统，返回操作系统。

5.2 顺序结构程序及特点

顺序结构是程序设计中最简单、最常用的基本结构。该结构按照程序中命令出现的先后顺序依次执行，它是任何程序的主体基本结构。

5.2.1 顺序结构程序的特点

(1)按语句顺序从上到下依次执行，所有的命令都会执行。

(2)程序只有一个入口和一个出口。

5.2.2 非格式化输入/输出命令

通常任何应用程序,都应该包括输入、处理和输出 3 部分。Visual FoxPro 也提供输入/输出语句,输入与输出处理是程序设计中不可缺少的组成部分。处理过程中的原始数据及用户要求都要通过输入来实现,而处理结果又通过各种形式的输出来得到。交互式输入语句,可以实现在执行程序时输入数据。交互式输入语句实际上也是赋值语句,其赋值内容需要在执行语句时,从键盘上输入。因此,这种赋值方式,被赋值变量的内容是不确定的,这恰好能满足编程的需要。

1. 非格式化输入语句

(1)WAIT 命令

格式:

WAIT [〈字符串表达式〉][TO〈内存变量〉][WINDOWS][TIMEOUT〈数值表达式〉]

功能:暂停程序的执行,等待用户键入单个字符后再继续程序的执行。

说明:

① 〈字符串表达式〉用于指定提示信息。默认时,系统默认显示"按任意键继续…"。

② 若带 TO 子句,则将输入的字符存入指定的内存变量中。注意,该命令只接受单个字符,且输入字符后不需按回车键,适于快速响应的场合。如果不键入任何字符而只按回车键或单击鼠标,则赋给内存变量的将是一个空字符。

③ 如果带 WINDOWS 选项,则会在屏幕右上角出现一个系统信息窗口,在其中显示提示信息。用户按键后,此窗口自动清除,这样可避免提示信息留在屏幕上而破坏屏幕画面。

④ TIMEOUT 选项用于设定等待时间(秒数),一旦超时,就不再等待用户按键,而是自动往下执行。

例如,执行以下命令:

WAIT "欢迎使用 Visual FoxPro 6.0!" WINDOWS

屏幕上弹出一个窗口,显示"欢迎使用 Visual FoxPro 6.0!",按任意键后窗口消失。

(2)INPUT 命令

格式:

INPUT [〈字符表达式〉] TO〈内存变量〉

功能:暂停程序运行,等待用户键入任意合法表达式。当用户以回车键结束输入时,系统将表达式的值存入指定的内存变量,程序继续运行。

说明:

① 如果有〈字符表达式〉选项,则显示〈字符表达式〉作为提示信息;如果没有,则屏幕上不显示任何信息。

② 可以输入任何合法的一个数值型、字符型、逻辑型和日期型表达式,不允许不输入

任何字符而直接按回车键,内存变量的类型由输入表达式的类型决定。

③ 输入字符串时必须加定界符(如"Visual FoxPro");输入逻辑型常量时,要用圆点定界(如.T.);输入日期型常量时,要用大括号定界(如{2008 - 8 - 18})。

【例 5 - 2】 根据输入的圆的半径计算圆的面积。

```
INPUT"请输入圆的半径:" TO R
S = PI{} * R^2
?"圆面积 = ",S
RETURN
```

(3)ACCEPT 命令

格式:

ACCEPT [〈字符表达式〉] TO〈内存变量〉

功能:暂停程序运行,等待用户键入一串字符。当用户以回车键结束输入时,系统将字符串存入指定的内存变量,程序继续运行。

说明:

① 如果有〈字符表达式〉选项,则显示〈字符表达式〉作为提示信息;如果没有,则屏幕上不显示任何信息。

② 用户从键盘上输入字符串时,不必加定界符,否则定界符将作为字符串的一部分。

③ 如果不输入任何字符而直接按回车键,系统会把空字符串赋给指定的内存变量。

【例 5 - 3】 下面的程序根据用户输入的表名打开指定的表,并根据输入的姓名查找到相应的记录并显示这条记录。

```
ACCEPT "请输入要打开的表名:" TO BM
USE &BM
ACCEPT "请输入要查找人的学号:" TO XH
LOCATE FOR 学号 = XH
DISPLAY
USE
```

2.非格式化输出语句

格式 1:

? [〈表达式 1〉][,〈表达式 2〉…]

格式 2:

?? 〈表达式 1〉[,〈表达式 2〉…]

功能:计算各表达式的值并输出。

说明:

① 各表达式间用逗号分开,表达式可以是变量、函数或常量,可以显示字段变量的值,包括显示备注型字段的内容。

② 通常将表达式的值在屏幕上显示出来,如果打印机已经接通,则同时可输出到打印机。

③ 格式 1,换行输出,从屏幕光标或打印头所在位置的下一行起始处开始输出各表达式的值。如果没有表达式短语,则输出一个空行,即换行。

④ 格式 2,不换行输出,从屏幕光标或打印头所在位置开始输出各表达式的值。如果没有表达式短语,则命令不起任何作用。

【例 5-4】 求 3+8*2 的值。

? 3+8*2

程序执行结果:

19

5.2.3 格式化输入输出命令

格式化输入输出命令有以下两种格式。

格式 1:

@〈行号,列号〉SAY〈表达式〉

功能:在当前窗口指定的位置处显示表达式的值。

说明:在 Visual FoxPro 中,屏幕左上角的坐标为(0,0),右下角的坐标与计算机系统的显示器坐标有关。

格式 2:

@〈行号,列号〉SAY〈表达式〉GET〈变量〉

READ

功能:在当前窗口指定的位置处分别显示〈表达式〉和〈变量〉的值。当执行到 READ 句时,程序暂停,等待用户对〈变量〉进行修改,按回车键结束修改,系统将修改后的结果保存到该变量中;如果没有 READ 语句,此命令只能显示〈变量〉的内容,而不能完成对〈变量〉的修改。

说明:〈变量〉可以是内存变量或字段变量。若是内存变量,必须事先赋值;若是字段变量,则它所属的数据表文件必须已在当前工作区中打开。

【例 5-5】 将变量 cNum 的值显示在窗口指定位置处。

cNum = "01010105"   && 定义内存变量 cNum

@ 2,10 SAY cNum   && 在第 2 行第 10 列显示变量 cNum 的内容

@ 3,10 SAY "学号" GET cNum   && 在第 3 行第 10 列开始显示提示信息"学号",其后显示变量 cNum 的内容

READ   && 光标停留在第 3 行,等待用户编辑,按回车键后,编辑过的内容重新存入变量 cNum 中

@ 4,20 SAY "修改后的学号" GET cNum   && 在第 4 行显示修改后的变量值

5.2.4　清除命令

格式 1：

CLEAR

功能：清除当前屏幕上的所有信息，并将光标置于屏幕的左上角。

格式 2：

CLEAR ALL

功能：关闭所有文件，释放所有内存变量，将当前工作区置为 1 号工作区。

格式 3：

CLEAR TYPETHEAD

功能：清除键盘缓冲区，以便正确地接收用户键入的数据。

5.2.5　文本输出命令

格式：

TEXT

　　〈文本信息〉

ENDTEXT

功能：将文本信息内容原样输出。

说明：TEXT 与 ENDTEXT 必须成对出现。

【例 5 - 6】　用文本输出命令显示系统名称。

CLEAR

TEXT

　　学生成绩系统

　　　　设计者：刘劲

ENDTEXT

5.3　选择结构程序设计

顺序结构程序的特点是在执行程序时，所有的命令都会执行到。但在实际应用中，有些命令的执行是取决于某些条件的成立与否。例如，在例 5 - 3 中的 DISPLAY（显示）命令，要在 LOCATE FOR 语句执行之后才知道是否执行。由条件语句构成的程序称为选择结构或分支结构。

5.3.1　基本选择结构语句

格式 1：

IF〈条件表达式〉

〈语句序列〉

ENDIF

格式 2：

IF〈条件表达式〉

　　〈语句序列 1〉

ELSE

　　〈语句序列 2〉

ENDIF

格式 1、格式 2 的流程图分别如图 5-1、图 5-2 所示。

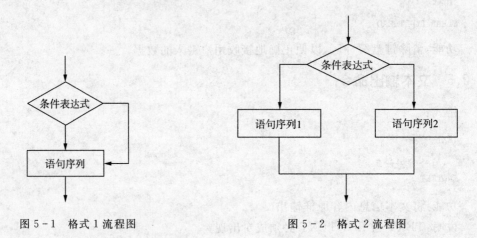

图 5-1　格式 1 流程图　　　　　　图 5-2　格式 2 流程图

功能：

① 格式 1，当〈条件表达式〉的值为"真"时，执行〈语句序列〉，否则执行 ENDIF 的后继命令。

② 格式 2，当〈条件表达式〉的值为"真"时，执行〈语句序列 1〉后，执行 ENDIF 后的语句；否则执行〈语句序列 2〉后，执行 ENDIF 的后继命令。

说明：

①〈条件表达式〉可以是各种表达式的组合，但其值必须是逻辑值"真"或"假"。

② IF 和 ENDIF 必须成对出现，缺一不可。

③ 语句序列短语中可以包含 Visual FoxPro 的各种命令和语句，也可以包含 IF…ENDIF 语句，这就形成了 IF 语句的嵌套。

在编写 IF 语句的嵌套程序时，要注意不能交叉，这种交叉在语法上并没有错误，但会造成逻辑上的混乱。具体地讲，在 IF 语句的嵌套中，要弄清 IF 与 ELSE 或 ENDIF 的匹配问题。在 Visual FoxPro 中是按照如下方法处理的：对于每个 IF 语句，系统在其后寻找 ELSE 和 ENDIF，若首先找到了 ELSE 则继续寻找 ENDIF 与其搭配；如果在找到 ENDIF 之前发现了其他 IF，则暂时收起当前寻找搭配的工作，用同样方法为刚发现的 IF 搭配，当该 IF 搭配成功后，在它的 ENDIF 之后继续为它前面的 IF 寻找 ELSE 或 ENDIF，这种搭配方法称为"就近搭配"。

一般地，将 IF、ELSE、ENDIF 内的语句写成缩进形式，这样使得程序看起来比较清晰，能增强程序的可读性，这种缩进形式并不是 Visual FoxPro 的强制要求。

【**例 5 - 7**】 用加入条件语句重编例 5 - 3 的程序。

```
SET TALK OFF
USEST
CLEA
ACCEPT"请输入要查找人的学号:" TO XH
LOCATE FOR 学号 = XH
IF FOUND( )                              && 若找到,则函数 FOUND( )返回真值
    DISP
ELSE
    ?"学号" + BH1 + "不存在"             && 提示信息没有找到
    WAIT WINDOWS                         && 按任意键程序继续
ENDIF
USE
SET TALK ON
RETURN
```

5.3.2 多分支选择结构

格式：

```
DO CASE
CASE〈条件表达式 1〉
    〈语句序列 1〉
CASE〈条件表达式 2〉
    〈语句序列 2〉
⋮
CASE〈条件表达式 N〉
    〈语句序列 N〉
[OTHERWISE
    〈语句序列 N + 1〉]
ENDCASE
```

功能：系统依次查看每一个 CASE 条件，只要某一条件成立，则执行该条件下的语句序列短语，之后不再查看其他条件，即跳过后面的 CASE 语句，去执行 ENDCASE 后面的语句。若所有的条件均不成立，在有选择项 OTHERWISE 的情况下，执行它后面的语句序列，执行后再接着执行 ENDCASE 后面的语句；在没有选择项 OTHERWISE 的情况下，直接执行 ENDCASE 后面的语句。

说明：

① 〈条件表达式 N〉可以是各种表达式的组合，但其值必须是逻辑值"真"或"假"。

② 在 DO CASE 语句中，其中条件为真的情况多于一个时，仅执行第一个。

③ DO CASE 和 ENDCASE 必须成对出现。

④ 在 DO CASE 和第一个 CASE 之间的任何语句都不执行。

⑤ DO CASE 语句可以等效为一组嵌套的 IF 语句。

⑥ DO CASE 可以嵌套,也可以与 IF 语句互相嵌套,但注意不能交叉。

【例 5-8】 输入一个学生的成绩,其成绩若为 0~59,显示"不及格";若为 60~69,显示"及格";若为 70~84,显示"优良";若为 85~95,显示"优秀";若为 96~100,显示"优异"。

```
SET TALK OFF
CLEAR
INPUT "请输入成绩:" TO CJ
DO CASE
    CASE CJ<60
        ?"不及格"
    CASE CJ<70
        ?"及格"
    CASE CJ<85
        ?"优良"
    CASE CI<95
        ?"优秀"
    OTHERWISE
        ?"优异"
ENDCASE
SET TALK ON
RETURN
```

5.3.3 选择结构的嵌套

在解决一些复杂的实际问题时,如果需要判断的条件不止一个,而是要进行多个条件的嵌套判断,就形成嵌套的选择结构,使程序流程出现多重走向。IF 语句和 DO CASE 语句都可以嵌套使用。

【例 5-9】 根据输入的 X 值,计算下面分段函数的值,并显示结果。

$$Y=\begin{cases}2X-5 & (X<1)\\2X & (1\leqslant X<10)\\2X+5 & (X\geqslant10)\end{cases}$$

```
SET TALK OFF
CLEAR
INPUT "请输入 X 的值:" TO X
IF X<1
  Y=2*X-5
ELSE
```

```
    IF X<10
        Y = 2 * X
    ELSE
        Y = 2 * X + 5
    ENDIF
ENDIF
?"分段函数的值为" + STR(Y)
SET TALK ON
RETURN
```

上例是一个两重嵌套的 IF 结构。在 Visual FoxPro 中,系统允许用户进行多层嵌套,原则上没有限制,但一般不超过 8 层。

📢 注意:

1. 在每一嵌套层中,选择结构语句的首尾必须一一对应,互相匹配。

2. IF 语句和 DO CASE 语句都可以自我嵌套或相互嵌套,且可以出现在程序的任何位置,但层次必须清楚,不得交叉。

3. 为使嵌套层次清晰,便于查错、修改,通常采用缩进(锯齿形)的书写方式。

5.4 循环结构程序设计

实际工作中,当需要对不同的数据进行多次相同的操作时,可以使用 Visual FoxPro 提供的循环结构,控制程序中的某段代码被重复执行若干次。Visual FoxPro 支持 3 种形式的循环结构语句:DO WHILE…ENDDO、FOR…ENDFOR 和 SCAN…ENDSCAN。

5.4.1 条件循环("当"型循环控制语句)

DO WHILE…ENDDO 循环结构也称为条件循环结构,是一种常用的循环方式,多用于那些事先不知道循环次数的情况。

格式:

```
DO WHILE〈条件表达式〉
    〈命令序列 1〉
    [LOOP]
    〈命令序列 2〉
    [EXIT]
    〈命令序列 3〉
ENDDO
```

其中,DO WHILE 语句称为循环起始语句,ENDDO 语句称为循环终端语句,它们之间的所有语句称为循环体,即被循环执行的语句。

功能:首先判断循环起始语句中〈条件表达式〉的值,其值为"真"时执行循环体。遇到循环终端(或 LOOP)语句,返回循环起始语句,重新判断〈条件表达式〉的值。若其值仍为"真",重复上述操作,直至其值为"假"(或遇到 EXIT 语句),退出循环而执行循环终端语句的后续语句,其流程如图 5-3 所示。

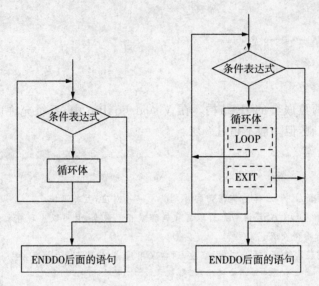

图 5-3 循环结构

说明:

① 循环起始语句的作用是判断循环的条件是否满足。满足时执行循环体,否则退出循环,转去执行 ENDDO 后面的语句。

② 循环终端语句的作用是标明循环体的终点。DO WHILE 和 ENDDD 语句必须成对出现。

③ 循环体是循环结构的主要组成部分,是被多次重复执行的语句序列,一般用来完成某种功能操作。

④ LOOP 语句是循环短路语句。当程序执行到 LOOP 语句时,被迫结束本次循环,不再执行 LOOP 后面至 ENDDO 之间的语句序列,而是返回 DO WHILE 处重新判断条件。

⑤ EXIT 是循环断路语句。当程序执行到 EXIT 语句时,被迫中断循环,转去执行 ENDDO 语句后面的语句。

⑥ LOOP 语句和 EXIT 语句通常出现在循环体内嵌套的选择语句中,通过条件判断确定是重新开始循环(LOOP),还是终止循环(EXIT)。

【例 5-10】 计算 $1+2+3+\cdots+100$ 的和。

```
SET TALK OFF
CLEAR
nSum = 0
i = 1
```

```
DO WHILE i <= 100
    nSum = nSum + 1
    i = i + 1
ENDDO
?"1 - 100 的和为:",nSum
RETURN
```

【例 5 - 11】 统计学生表中男、女学生人数。

```
SET TALK OFF
CLEAR
USE E:\VFP6\DATA 学生
STORE 0 TO nMan,nWoman
DO WHILE !EOF( )                        && 判断记录指针是否移到文件尾
    IF 性别 = "男"
        nMan = nMan + 1
    ELSE
        nWoman = nWoman + 1
    ENDIF
    SKIP                                && 指针移到下一条记录
ENDDO
?"男生人数" + STR(nMan)
?"女生人数" + STR(nWoman)
USE
SET TALK ON
RETURN
```

5.4.2 步长循环("计数"型循环控制语句)

FOR…ENDFOR 循环结构也称为步长循环结构,主要用于那些事先已经知道循环次数的事件。

格式:

```
FOR〈循环控制变量〉=〈初值〉TO〈终值〉[STEP〈步长〉]
    〈命令序列 1〉
    [LOOP]
    〈命令序列 2〉
    [EXIT]
    〈命令序列 3〉
ENDFOR|NEXT
```

功能:按照设置好的循环变量参数,执行固定次数的循环操作。

说明:

① FOR 语句称为循环说明语句,语句中所设置的初值、终值与步长决定了循环体的

执行次数:循环次数=INT((终值-初值)/步长)+1。

② 步长为 1 时,STEP 1 参数可以省略。

③ ENDFOR(或 NEXT)语句称为循环终端语句,其作用是标明循环程序段的终点,同时使循环变量的当前值增加一个步长。

④ FOR 与 ENDFOR 语句之间的命令序列即是循环体,用来完成多次重复操作。FOR 与 ENDFOR 语句必须成对出现。LOOP 和 EXIT 语句与其他循环结构中的作用相同。

⑤ 循环短路语句 LOOP 和循环断路语句 EXIT 与 DO WHILE 循环中的作用相同。

FOR 循环结构的执行过程:先为循环变量设置初值(该变量一般为数值型内存变量),然后判断其值是否超过终值;若没有超过,执行循环体,遇到循环终端语句 ENDFOR 时,使循环变量增加一个步长值,然后返回 FOR 语句处,将循环变量的当前值再次与循环终值比较;若超过,执行 ENDFOR 后面的语句。

【例 5-12】 求 1~500 中能同时满足用 3 除余 2,用 5 除余 3,用 7 除余 2 的所有整数。

```
SET TALK OFF
CLEAR
FOR n = 1 TO 500
    IF n % 3 = 2 AND n % 5 = 3 AND n % 7 = 2
        ?? n
        ??" "
    ENDIF
ENDFOR
SET TALK ON
RETURN
```

程序执行结果:

23 128 233 338 443

5.4.3 扫描循环("指针"型循环控制语句)

SCAN…ENDSCAN 循环结构也称为扫描循环结构,专用于处理数据表中的记录。

格式:

```
SCAN [〈范围〉][FOR〈条件表达式 1〉][WHILE〈条件表达式 2〉]
    [〈命令序列 1〉]
    [LOOP]
    [〈命令序列 2〉]
    [EXIT]
    [〈命令序列 3〉]
ENDSCAN
```

功能:在当前表的指定范围内自动地逐条移动记录指针,直到条件为"假"或到达文件尾。

说明：

① 在循环起始语句 SCAN 中，〈范围〉子句指明了扫描记录的范围，默认值为 ALL；FOR 子句说明只对使〈条件表达式 1〉的值为"真"的记录进行相应操作；WHILE 子句指定只对使〈条件表达式 2〉的值为"真"的记录进行相应操作，直至使其值为"假"的记录为止。

② 循环终端语句 ENDSCAN 标明了循环程序段的终点，同时使记录指针移到下一条记录。SCAN 与 ENDSCAN 语句必须成对出现。

③ LOOP 和 EXIT 语句与其他循环结构中的作用相同。

SCAN 循环用于对当前表中满足条件的每个记录执行一组指定的操作。当记录指针从头到尾移动通过整个表时，SCAN 循环将对记录指针指向的每个满足条件的记录执行一遍 SCAN 与 ENDSCAN 之间的命令序列语句。

【例 5 - 13】 用 SCAN 循环来统计"学生"表中的男、女学生人数。

```
SET TALK OFF
CLEAR
USE E:\VFP6\DATA\学生
STORE 0 TO nMan,nWoman
SCAN
    IF 性别 = "男"
        nMan = nMan + 1
    ELSE
        nWoman = nWoman + 1
    ENDIF
ENDSCAN
?"男生人数" + STR(nMan)
?"女生人数" + STR(nWoman)
USE
SET TALK ON
RETURN
```

与例 5 - 11 比较可以看出，当对数据表进行循环操作时，用 SCAN 语句比用 DO WHILE 语句更简单、方便，它不需要再用其他命令来控制记录指针的移动，或判断整个数据表是否扫描完毕。

🔊 **注意：**

（1）DO WHILE 一般用于编写循环次数不确定，但退出循环条件明确的循环语句。

（2）FOR 通常用于编写已知循环次数的循环语句。

（3）SCAN 只能用于处理表中的记录，语句可指明需处理的记录范围及应满足的条件。该循环语句只能用于编写表文件的循环语句。

5.4.4 多重循环

在 Visual FoxPro 系统中,不仅允许分支结构嵌套,也允许循环结构的嵌套。当一个循环程序段的循环体内完整地包含另一个循环程序段时,称此循环程序段为循环嵌套。运用循环嵌套可以构成双重循环或三重、四重等多重循环结构。

说明:

① 在 Visual FoxPro 系统中,DO WHILE、FOR、SCAN 三种循环结构可以混合嵌套,且层次不限。但内层循环的所有语句必须完全嵌套在外层循环之中,否则会出现循环的交叉,造成逻辑上的混乱。

② 循环结构与分支结构允许混合嵌套使用,但不允许交叉,其起始语句与相应的终端语句(如 FOR 与 ENDFOR、DO CASE 与 ENDCASE、DO WHILE 与 ENDDO、FOR 与 ENDFOR、SCAN 与 ENDSCAN)必须成对出现。

【例 5 - 14】 打印九九乘法口诀表。

```
SET TALK OFF
CLEAR
FOR X = 1 TO 9                              && 外层循环入口
    Y = 1
    DO WHILE Y < = X                        && 内层循环入口
        Z = X * Y
        ?? STR(Y,1) + " * " + STR(X,1) + " = " + STR(Z,2) + " "
        Y = Y + 1
    ENDDO                                    && 内层循环终端
?
ENDFOR                                       && 外层循环终端
SET TALK ON
RETURN
```

程序执行结果:

```
1 * 1 = 1
1 * 2 = 2  2 * 2 = 4
1 * 3 = 3  2 * 3 = 6  3 * 3 = 9
⋮
1 * 9 = 9  2 * 9 = 18  3 * 9 = 27  4 * 9 = 36  5 * 9 = 45  6 * 9 = 54  7 * 9 = 63  8 * 9 = 72  9 * 9 = 81
```

本程序使用了两层循环,外层为 FOR 循环,嵌套的内层为 DO WHILE 循环(也可以用 FOR 完成)。外层循环变量 X 控制行数的变化,内层循环变量 Y 控制每行中列数的变化。

【例 5 - 15】 输入 10 个数,并将它们按由大到小的顺序输出。

```
SET TALK ON
CLEAR
DIMENSION data[10]                    && 定义数组变量
```

```
STORE 0.0 TO data
FORi = 1 TO 10                              && 输入 10 个数,分别存放在数组的 10 个元素中
    @i,5 SAY "请输入第" + STR(i,2) + "个数:" GET data[i]
ENDFOR
READ
    FOR i = 1 TO 10                         && 对 10 个数进行排序
        FOR j = i TO 10
            IF data[i]<data[j]
            temp = data[i]
            data[i] = data[j]
            data[j] = temp
            ENDIF
        ENDFOR
    ENDFOR
@ 12,5 SAY "10 个数由大到小的排列顺序为:"
@ 14,5 SAY""
FOR i = 1 TO 10                             && 输出排序后的 10 个数
    ?? data[i]
ENDFOR
SET TALK ON
RETURN
```

5.5　模块化程序设计

在结构化程序设计中,通常将一个比较复杂的应用系统划分为若干个大模块,大模块再细分为小模块,每个小模块完成一个基本功能;然后在上一层控制模块的作用下,调用各个功能模块实现系统的各种功能操作。

在程序设计时还会经常遇到这样的情况:某些运算和处理过程完全相同,只是每次可能以不同的参数参与程序运行。如果在一个程序中重复写入这些相同的代码段,不仅会使程序变得很长,也是一种时间和空间的浪费。因此,可以将这些重复出现的或能单独使用的程序写成一个个独立的模块,以便其他程序也能使用。

程序的模块化使得程序易于阅读,易于修改,也易于扩充。通常将这些可被调用的功能模块或能够完成某种特定功能的独立程序称为过程或子程序。

在 Visual FoxPro 中,每一个功能模块可以作为一个独立的程序,也可以由若干个功能模块(子程序或过程)构成一个过程文件。每次执行应用程序时,第一个被运行的程序称为主控程序,或称为主程序。

5.5.1　过程及过程调用

1.过程的建立

在 Visual FoxPro 中,一个过程就是一个具有特定功能的命令文件,它的建立运行与

一般程序相同,并以同样的文件格式(.prg)存储在磁盘中。但是,一个过程中至少要有一条返回语句。

格式:RETURN [TO MASTER]

功能:结束过程运行,返回调用它的上一级程序或最高一级主程序。

说明:

① RETURN 语句通常作为程序的出口,设置在过程的末尾。若在主程序中使用 RETURN 语句,则使系统返回到命令窗口。

② TO MASTER 选项在过程嵌套中使用,可直接从当前子程序返回最高一级主程序;若无此选项,则过程返回到调用它的上一级程序。

2.过程的调用

在某一程序中设置一条 DO 命令来运行另一个程序(即过程),称为过程的调用。

格式:

DO〈过程名〉[IN〈文件名〉][WITH〈参数表〉]

功能:用〈参数表〉中指定的参数调用指定的过程。

说明:

①〈过程名〉必须是已经建立在磁盘上的命令文件名。当程序执行到本语句时,将会记录下断点,把指定的过程调入内存并执行。遇到过程中的 RETURN 语句即返回调用程序的断点,继续执行调用程序。

② IN〈文件名〉选项指明要执行的过程所在的文件。

过程的建立和调用可以使应用程序结构清晰、功能明确,便于编写、修改和调试,充分体现程序结构化、模块化、层次化的基本特征。如图 5-4 所示为过程调用示意图。

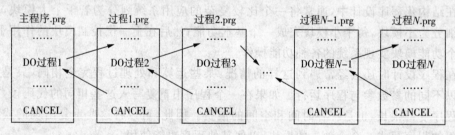

图 5-4　过程调用示意图

【例 5-16】　在主程序"SUB.prg"中调用"SUB1.prg"和"SUB2.prg"两个过程。

* 程序名称:SUB.prg

CLEAR

```
? " = = =过程调用= = = "
WAIT "现在调用过程1"
DO SUB1
WAIT "现在调用过程2"
DO SUB2
? " = = =过程调用结束= = = "
CANCEL
* 程序名称:SUB1.prg
WAIT"现在正运行过程1"
RETURN
* 程序名称:SUB2.prg
WAIT "现在正运行过程2"
RETURN
执行主程序:DO SUB
```

结果如下:

```
= = =过程调用= = =
现在调用过程1  (等待用户按键)
现在正运行过程1  (等待用户按键)
现在调用过程2  (等待用户按键)
现在正运行过程2  (等待用户按键)
= = =过程调用结束= = =
```

一个程序可以调用一个或多个过程,也可以多次调用一个过程。当一个过程又调用另一个过程时,称为过程调用的嵌套。Visual FoxPro 系统规定:嵌套的深度最多可达128 层。若某一层次的过程选用了 RETURN TO MASTER 为返回语句,则执行到此出口语句时,系统会跳过前面几级调用程序而直接返回到主程序。

过程及过程调用使程序结构清晰,便于阅读和维护。对于较复杂的应用系统,可以将各个功能模块作为过程独立出来,然后在创建整个应用程序时,像搭积木一样将各种过程模块进行不同组合,构成功能各异的应用系统。

5.5.2 过程文件

过程是作为一个文件独立存储在磁盘上的,因此每调用一次过程,都要打开一个磁盘文件。如果一个应用程序需要多个过程,则必须多次执行打开文件的操作,频繁地访问磁盘,这势必影响程序运行的速度。在 Visual FoxPro 系统中,可以将多个过程存放在一个程序文件中,形成一个过程文件。

过程文件被打开以后可以一次性将其中包含的所有过程调入内存,不需要频繁地进行磁盘操作,从而大大地提高了过程调用的速度,需要注意的是,过程文件中的过程不能作为一个命令文件单独存盘或独立运行,因而称为内部过程。相对地,能够单独存储在磁盘上并能独立运行的过程文件,称为外部过程。

1.过程文件的建立

过程文件的建立可使用 PROCEDURE 命令来实现。

格式：

FROCEDURE〈过程名 1〉

  〈过程 1 的命令序列〉

  [RETURN [TO MASTER]]

ENDPROC

PRDCEDURE〈过程名 2〉

  〈过程 2 的命令序列〉

  [RETURN [TO MASTER]]

ENDPROC

  ⋮

FROCEDURE〈过程名 N〉

  〈过程 N 的命令序列〉

  [RETURN [TO MASTER]]

ENDPROC

说明：

① PROCEDURE 关键字不仅表示一个过程的开始，同时还定义了过程名。过程名由 1～8 个字符组成，且必须以字母、汉字或下划线开头，可包含字母、汉字、数字和下划线。

② ENDPROC 关键字表示一个过程的结束。

③ 当过程执行到 RETURN 命令时，控制将返回到调用程序。如果默认 RETURN 命令，则在过程结束处自动执行一条隐含的 RETURN 命令。

④ 过程文件的存储与一般命令文件相同，扩展名为.frg。

2.过程文件的打开与关闭

过程文件中只包含过程，这些过程能被其他程序调用。但在调用过程文件中的过程之前，必须先打开过程文件。

格式：

SET FROCEDURE TO〈过程文件名〉[ADDITIVE]

功能：打开指定的过程文件。

说明：

① 打开过程文件后，它所包含的所有过程都可以通过 DO〈过程名〉命令被调用。

② 若无 ADDITIVE 选项，则在打开指定的过程文件时，关闭原先已打开的过程文件。过程文件使用之后，应在调用程序中将其关闭。关闭过程可以使用以下两条命令。

格式 1：

CLOSE PROCEDURE

格式 2：

SET PROCEDURE TO

功能：关闭已经打开的过程文件。

说明：当退出 Visual FoxPro 系统时，已打开的过程文件将会自动关闭。

【例 5 - 17】 在主程序"SUB. prg"中调用"SUB1. prg"和"SUB2. prg"两个过程。

```
SET PROCEDURE TO SUB                       && 打开过程文件 SUB
CLEAR
?" = = = 过程调用 = = = "
WAIT "现在调用过程 1"
DO SUB1
WAIT "现在调用过程 2"
DO SUB2
?" = = = 过程调用结束 = = = "
CLOSE PROCEDURE                            && 关闭过程文件
CANCEL
 * 程序名称：SUB1. prg,过程文件
PROCEDURE SUB1                             && 定义过程 1
    WAIT "现在正运行过程 1"
    RETURN
ENDPRDC
 * 程序名称：SUB2. prg,过程文件
PRDCEDURE SUB2                             && 定义过程 2
    WAIT "现在正运行过程 2"
    RETURN
ENDPROC
执行命令：DO SUB
```

结果与例 5 - 16 相同。

5.5.3 变量的作用域

程序设计中需要使用大量的变量，变量可以在主程序和各子程序之间进行数据传递，为确保变量在各程序模块之间正确传递，引入了变量的作用域的概念。变量的作用域是指在程序或过程调用中变量的有效范围。在 Visual FoxPro 中，按变量的作用域，变量可分为公共变量、局部变量和私有变量 3 类。

1. 公共变量

公共变量也称全局变量，是指在相互调用的所有程序或过程中都可以使用的变量。定义公共变量的关键词是 PUBLIC。

格式：

PUBLIC〈内存变量表〉

说明：

① 〈内存变量表〉是用逗号分隔开的变量列表,这些变量的默认值是逻辑值"假"(.F.),可以为它们赋任何类型的值。

例如,使用如下命令:

```
PUBLIC x,y,z(10)
```

命令中定义了 3 个公共变量,简单变量 x、y 和一个含有 10 个元素的数组 z,它们的初值都是.F.。

② 公共变量需要先定义后使用。

例如,使用如下命令:

```
STORE 10 TO x
PUBLIC x
```

以上命令运行时将出现错误,因为公共变量的定义出现在对 x 赋值之后。正确的写法是先定义公共变量,然后赋值。

③ 公共变量一经说明则在任何地方都可以使用,甚至在程序结束后,在 Visual FoxPro 命令窗口中还可以使用公共变量,在命令窗口中直接使用的变量也是公共变量。可以使用 CLEAR MEMORY 或 RELEASE 命令释放变量。

2. 局部变量

局部变量,顾名思义只能在局部范围内使用,局部指的是只能在建立它的模块中使用,不能在上级模块和下级模块中使用。Visual FoxPro 中规定,局部变量用 LOCAL 定义。

格式:

```
LOCAL 〈内存变量表〉
```

说明:和公共变量类似,这些变量的默认值是逻辑值"假"(.F.),可以为它们赋任何类型的值。局部变量只能在定义这些变量的模块内使用,当定义这些变量的模块执行结束后,这些变量会立刻释放。

3. 私有变量

在 Visual FoxPro 中把那些没有用 LOCAL 和 PUBLIC 定义的变量称为私有变量,这类变量直接使用,变量的作用域是当前模块及其下级模块,也就是说,私有变量可以在其所在的程序、过程、函数或它们所调用的过程或函数内使用。

在 Visual FoxPro 中,也可以用 PRIVATE 命令定义私有变量。

格式:

```
PRIVATE 〈变量名列表〉
```

实际上,PRIVATE 命令起到了隐藏和屏蔽上层程序中同名变量的作用。

【例 5-18】 公共变量、局部、私有变量示例。

```
* 主程序调用过程 PROC1
CLEAR ALL
```

```
    PUBLIC x1
    LOCAL x2                        && 局部变量 x2,只在本模块中有效
    x1 = 100
    x2 = 200
    x3 = 300
    ?"主程序中,x1、x2、x3 的值分别是"
    ? x1,x2,x3
    DO PROC1
    ?"执行过程 PROC1 后,x1、x2、x3 的值分别是"
    ? x1,x2,x3
    RETURN
    * 过程 PROC1
    PROCEDURE PROC1
        x1 = 10
        x2 = 20                     && 此处 x2,并非主程序中的局部变量 x2
        x3 = 30
    RETURN
```

程序执行结果:

主程序中,x1、x2、x3 的值分别是

100   200   300

执行过程 PROC1 后,x1、x2 、x3 的值分别是

10   200   30

在程序执行过程中,主程序中的变量 $x1$、$x3$ 分别被过程 PROC1 修改,返回主程序后,显示的是被修改后的值;而主程序中的变量 $x2$ 在过程 PROC1 中是不可见的,当过程 PROC1 被执行后,主程序中的 $x2$ 仍然是 200,因为主程序中 $x2$ 的作用域只在本模块。事实上,主程序中的 $x2$ 变量和过程中的 $x2$ 变量是两个不同的变量。

5.5.4 自定义函数

在 Visual FoxPro 中,除了系统提供的常用函数外,用户可以建立自己编写的函数,称为用户自定义函数,以满足编程时的特殊需要。自定义函数实际上就是用户编写的一个子程序或一个过程。

格式:

FUNCTION〈函数名〉

〈函数体〉

RETURN〈表达式〉

说明:FUNCTION 语句为函数说明语句。自定义函数必须以 FUNCTION 开头,作为自定义函数的标识。RETURN 语句为函数返回语句。RETURN 命令执行时,将〈表达式〉的值一起带回到调用该自定义函数的程序中。

自定义函数的建立方式和子程序或过程一样,使用 MODIFY COMMAND 命令。

【例5-19】 用自定义函数实现 1! +2! +3! +…+10!。

```
* 主程序中调用自定义函数 JC( )
CLEAR
s = 0
FOR i = 1 TO 10
    s = s + JC(i)                      && 调用自定义函数
ENDFOR
?"1! +2! +…+10!",s
RETURN
* 自定义函数 JC
FUNCTION JC
    PARAMETERS k
    t = 1
    FOR j = 1 TO k
        t = t * j
    ENDFOR
RETURN t                               && t 是自定义函数的返回值
```

5.6　环境设置

1. SET TALK ON|OFF 命令

许多数据处理命令(如 SUM,AVERAGE,SELECT-SQL 等)在执行时,都会返回一些有关执行状态的信息,这些信息通常都会显示在 Visual FoxPro 主窗口、状态栏等中。SET TALK 命令用来设置是否显示这些信息:ON 为显示,OFF 为不显示,默认值为 ON。

2. SET HEADING ON|OFF 命令

SET HEADING 命令用来设置在执行 LIST 或 DISPLAY 命令时,是否在显示记录的同时也显示字段名:ON 为显示,OFF 为不显示,默认值为 ON。

小　结

Visual FoxPro 不仅是数据库管理系统,它还是程序设计语言。在 Visual FoxPro 中,程序文件是指以.prg 为扩展名,由一系列命令、函数和常量、变量等语法元素组成的文本文件。另外,扩展名为.qpr 的查询文件、扩展名为.mpr 的菜单程序文件也是程序。主要内容如下:

(1)程序在命令窗口中使用 MODIFY COMMAND 命令建立,使用 DO 命令运行。

(2)程序包括顺序结构、选择结构和循环结构 3 种基本结构。

(3)程序的模块化设计方法包括子程序、过程和自定义函数的概念和设计。

(4)根据内存变量的作用范围,变量分为公共变量、局部变量和私有变量,可以在各程序模块之间传递参数。

练 习 题

选择题

1. 在程序中不需要用 PUBLIC 等命令明确定义,可以直接使用的内存变量是(　　)。

　　A. 局部变量　　　　B. 公共变量　　　　C. 私有变量　　　　D. 全局变量

2. 在 Visual FoxPro 中,如果希望一个内存变量只限于在本过程中使用,定义这种内存变量的命令是(　　)。

　　A. PRIVATE　　　B. PUBLIC　　　C. LOCAL　　　　D. 可以直接使用(不需要定义)

3. 在 DO WHILE…ENDDO 循环结构中,EXIT 命令的作用是(　　)。

　　A. 退出过程,返回程序开始处

　　B. 转移到 DO WHILE 语句行,开始下一次判断和循环

　　C. 终止循环,将控制转移到本循环结构 ENDDO 后面的第一条语句继续执行

　　D. 终止程序执行

4. 在 DO WHILE…ENDDO 循环结构中,LOOP 命令的作用是(　　)。

　　A. 退出过程,返回程序开始处

　　B. 转移到 DO WHILE 语句行,开始下一次判断和循环

　　C. 终止循环,将控制转移到本循环结构 ENDDO 后面的第一条语句继续执行

　　D. 终止程序执行

5. 为了调用过程文件中的过程,打开过程文件的命令是(　　)。

　　A. OPEN PROCEDURE　　　　　　B. MODIFY COMMAND

　　C. SET PROCEDURE TO　　　　　　D. MODIFY PROCEDURE

6. 下列程序文件中,不可以用 DO 命令执行的是(　　)。

　　A. . prg 文件　　　B. . app 文件　　　C. . mpr 文件　　　D. . dbc 文件

填空题

1. 在 Visual FoxPro 中,用命令 PUBLIC X 声明公共变量 X 后,X 在未赋值之前的默认值是(　　)。

2. 如下程序段的输出结果是(　　)。

```
i = 1
DO WHIIE i<10
    i = i + 2
ENDDO
? i
```

3. 下面程序,执行命令 DO LX1 后的运行结果是(　　)。

```
* 程序文件名:LX1.prg
SET TALK OFF
CLOSE ALL
CLEAR ALL
mX = "Visual FoxPro"
mY = "二级"
```

```
DO s1
? mY + mX
RETURN
* 过程 s1
PROCEDURE s1
   LOCAL mX
   mX = "Visual FoxPro DBMS 考试"
   mY = "计算机等级" + mY
RETURN
```

操作题

1. 编写程序,实现在程序运行时,从键盘上任意输入 10 个逻辑值,统计并输出其中逻辑值为"真"的个数。

2. 编写程序,计算并显示 1~100 以内的奇数平方和、偶数立方和。

3. 编写程序,实现从键盘输入一串字符(口令),判断输入的口令是否与系统口令("123456")一致。若一致则显示"欢迎进入本系统";否则显示"口令不正确,请重新输入",给 3 次输入机会,输入次数超过 3 次则显示"你无权进入本系统"。

4. 编写程序,实现从键盘上输入任意一个三位数,将其逆序输出。例如,输入 123,则输出为 321。

5. 水仙花数是指一个三位数,其各位数字的立方和等于该数本身(如 $153 = 1^3 + 5^3 + 3^3$)。编写程序,输出所有的水仙花数。

6. 编写程序,实现在程序运行时从键盘上输入任意的 10 个数(数据存放在数组中),找出其中的最小数。

7. 编写程序,在屏幕上显示下列图形。

```
*
* * *
* * * * *
* * * * * * *
```

第**6**章
面向对象程序设计与表单设计

Visual FoxPro 支持结构化程序设计,也支持面向对象程序设计。表单是开发数据库应用系统界面的强有力工具。在 Visual FoxPro 中,用户可以通过表单设计器创建表单,并利用控件添加对象,设计出具有实际应用意义的可视化界面。本章主要介绍面向对象程序设计的基本思想,对象与类的概念、特征以及如何利用表单实现程序的可视化和面向对象。

6.1   面向对象程序设计的概念

面向对象程序设计是当前主流的程序设计方式,这种设计方式和结构化程序设计有着很大的不同。本节将介绍面向对象程序设计的基本概念和方法。

6.1.1 面向对象程序设计概述

程序设计现在主要采用面向过程程序设计和面向对象程序设计两种方式。在上一章中,已经学习了结构化程序设计,这种设计方式的基本思想,是以解决问题的过程为出发点,自顶向下,逐步求精,将整个程序结构划分成若干个功能相对独立的模块,模块之间的联系尽可能简单;每个模块用顺序、选择、循环 3 种基本结构来实现;每个模块只有一个入口和一个出口。

结构化程序设计的思想可以用图 6-1 来表示。

从上图中可以看出,在结构化程序设计中算法和数据结构是相互分开的,即

$$程序=(算法+数据结构)$$

在程序中,算法和数据结构都是相互独立的整体。这种结构有很多的优点。例如,各模块可以分别编程,程序易于阅读、理解、调试和修改;方便新功能模块的扩充;功能独立的模块可以组成子程序库,有利于实现软件复用等。所以,结构化程序设计出现以后,很快被人们接受并得到广泛应用。

但是,这种程序设计方法在对不同的数据结构做相同的处理,或对相同的数据结构

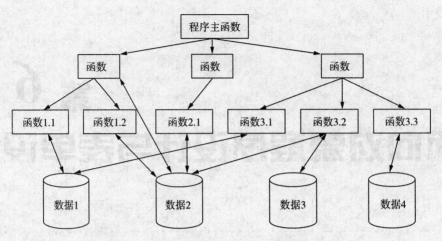

图 6-1　结构化程序设计思想

做不同的处理,都要使用不同的模块;同时,由于这种分离,导致了数据可能被多个模块使用和修改,难以保证数据的安全性和一致性。因此,对于小型程序和中等复杂程度的程序来说,它是一种较为有效的技术,但对于复杂的大规模软件开发来说,就存在工作量大、代码重复利用率低、可维护性差等问题。

从图 6-1 可以看出,程序中的函数和数据结构实际上是不可分离的。在面向对象程序设计中,将算法和数据结构捆绑为软件系统的一个基本单元——对象。

这样,程序就变为

$$程序＝(算法＋数据结构)＝(对象＋对象＋…)$$

在面向对象程序设计中,对象成为程序实体,每一个对象中都包含算法和数据结构,并通过对象间的消息传递——事件来完成程序的运行。

所谓消息就是一个对象向另一个对象发出的请求,它是一个对象要求另一个对象执行某个操作的规格说明。通常把发送消息的对象称为消息的发送者或请求者,而把接收消息的对象称为消息的接受者或目标对象。接受者在接收到消息时被激活,根据消息的要求调用某个方法完成相应的操作。所以,消息传递的实质是方法的调用。

消息传递的内容包括接收消息的对象标识、调用函数以及信息。例如,学生对象向教师对象发出消息,请求对某些内容进行辅导,教师接收到消息后,根据学生的请求内容制定课程并实施辅导。

对于每个对象,都包含有属性、事件和方法程序 3 个要素。

1. 对象的属性

对象的属性用来描述对象的基本特征。每一个对象都有其自身的特征,使该对象区别于其他对象。

2. 对象的事件

对象的事件指的是对象能够识别和响应的操作,这个操作是由程序员在设计程序时预定好的动作。例如,用户在按钮上单击鼠标等操作动作,这些事件通常由用户或者系统本身引发。

3.对象的方法程序

对象的方法程序指的是对象对事件的响应,即事件发生后对象的操作动作。例如,用户在单击某个按钮后系统将执行保存、提交或者删除等操作。

根据对象的属性、事件和方法程序,面向对象程序设计从相同类型的对象中抽象出一种新型的数据类型——类。

类的成员中包含有描述此类对象的基本属性、事件和方法程序,并将对象的大部分行为的实现隐蔽起来,仅通过一个可控的接口与外界交互;并且类具有继承性,可以通过对类增添不同的特性派生出其他类来解决更为复杂的问题,从而使得类与类之间建立了层次结构关系,提高了代码的利用率。

这样就可以总结出面向对象设计的基本思想:所谓面向对象是基于事件为驱动,以对象为中心,以类和继承为构造机制,来设计构建软件系统。

6.1.2 对象与类

前面讲过,面向对象程序设计是以对象和类为基础来构建软件的,本节就详细的讲述一下类和对象的概念和基本特性。

1.类

类是一组具有相同特性的对象的抽象集合,它定义了对象特征以及对象行为的模板,是面向对象程序设计中的重要要素,类具有以下特点:

(1)抽象性

抽象是指类抽取一组具有相同特性的对象与众不同的特征,基于这些特征,能够使从属于该类的对象与其他类的对象相互区别。例如,定义一个汽车类,那么就要抽取所有汽车和其他交通工具不同的特性,如车轮、发动机、方向盘、地面行驶、能够载物等特性。

(2)封装性

封装是将数据和算法结合,构成一个不可分割的整体。这样做的目的是为了将类的具体实例——对象的设计者和使用者分开,使用者不必了解某些操作具体实现的细节,只需要了解其能够完成的功能。对于类来说,一些数据成员和成员函数是公共的,为外界提供使用接口;而另外的一些数据成员和成员函数是私有的,它们被有效地屏蔽,避免外界的误操作和干扰。

例如,收音机上的按钮可以进行调频、调节音量操作,对于使用者来说,只需要知道这些按钮的使用功能就可以了,而没有必要知道这些功能具体是怎样实现的。这样做能够有效地保证收音机的正常使用,还可以避免使用者的误操作而造成对收音机的损坏。

(3)继承性

继承是从一个已存在的类派生出的一个新类,新类将自动继承原有类的属性和操作;同时,它还可以拥有自己的新属性和操作。被继承的类称为父类或基类,派生出的新类称为基类的子类。

继承可以分为单继承和多重继承。单继承是一个子类只继承一个基类,而多重继承是指一个子类可以有多个基类。通过继承,子类可以继承基类的全部描述,并通过修改或扩充,使自身具有新的功能。

这样继承便使原本封装的类具有了传递性,提高了代码的利用率,使程序具有很好的扩充性和可维护性。所以继承是面向对象程序设计中的重要机制和特点。

类的继承层次和特点如图 6-2 表示:

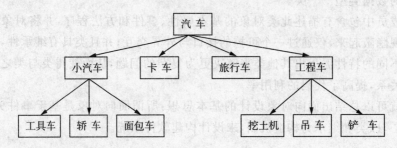

图 6-2　类的继承层次

最上层的汽车是基类,它派生出 4 个子类,分别是小汽车、卡车、旅行车和工程车;这 4 个子类的继承方法是单继承,子类继承了基类——汽车所有的属性和方法,同时对基类的属性和方法进行修改或者扩充,使其具有新的属性和方法;小汽车类派生出 3 个子类,工具车、轿车和面包车;这些子类是多重继承,它继承了基类——小汽车的属性和方法,同时也继承了小汽车的基类——汽车的属性和方法,同样,这些子类本身也具有自身新的属性和方法。

这样,在设计程序的时候,就可以通过继承基类并对其进行修改或扩充使之满足新的功能需求,从而提高代码的利用率。

(4)多态性

在面向对象程序设计中,不同的属性和方法具有相同的名字,这些重名的属性和方法相似,但是具体执行起来具有一定的差别。这种同一个属性和方法为不同的对象接受时可产生完全不同操作的现象称为多态性。

多态性是面向对象程序设计的关键技术之一,它利用虚函数在子类中重新定义基类中的函数,这样就可以避免子类为了实现类似功能而重新定义函数,并且接受消息的对象自行决定应做出怎样具体的响应,即由对象自行决定调用相应的函数。例如,几何图形类派生出圆形和矩形两个子类,同时这两个子类都继承了图形类的面积公式,但是这两个图形的面积公式计算是不一样的。这样,就可以在基类中将面积函数定义为虚函数,而在子类中分别定义面积的算法。这样程序员在求图形面积时,只需要调用面积公式即可,而具体调用哪一个面积公式,则由对象来决定。

通过这种方式,增强了编程的灵活性,简化了代码,使继承具有广泛的应用空间。可以说,只支持类而不支持多态性,只能称之为基于对象程序设计,而不能称之为面向对象程序设计。

2.对象

在世界上,任何一个物体都可以称之为对象。而对程序员来说,对象指的是由描述事物的属性(数据)和方法程序(作用于数据的操作代码,体现事物的行为)构成的一个整体;从用户来看,对象为他们提供所希望的操作。

在面向对象程序设计中,类只出现在源程序代码中,在编译时为对象的创建提供样板。对象作为类的实例分配内存空间并完成计算任务,是运行时的实体,赋予类具体的属性和方法,是类的具体化实例。

【例 6-1】 定义"人"这个类,并创建一个该类对象。

类名:人
数据成员(属性):身高、体重、年龄、文化程度、性别、民族、职业
成员函数(方法):专业职责
对象名:张三
数据成员(属性):身高 180cm、体重 75kg、年龄 22 岁、本科、男、汉族、教师
成员函数(方法):讲授 Visual FoxPro

从例 6-1 可以看出,当给类名、数据成员和成员函数赋予实际值以后,就创建了一个"人"类的具体对象:张三。所以,我们可以认为对象是类的具体实例,而类是对象的模板。

6.2 Visual FoxPro 中的对象与表单设计

6.2.1 Visual FoxPro 中的基类与子类

在进行面向对象程序设计时,可以利用系统提供的基类创建所需的对象,也可以根据需要定义子类。常用的基类如表 6-1 所示。

表 6-1 常用基类表

类 名	含 义	类 名	含 义	类 名	含 义
FormSet	表单集	Control	控件	Line	线条
Grid	表格	Custom	定制	ListBox	列表框
HyperlinkObject	超级链接	EditBox	编辑框	OLEBoundControl	OLE 绑定控件
Image	图像	Form	表单	OLEContainerControl	OLE 容器控件
Colum	列	Header	标头	Relation	关系
ActiveDoc	活动文档	Shape	形状	OptionButton	选项按钮
CheckBox	复选框	Spinner	微调控件	OptionGroup	选项按钮组
CommandButton	命令按钮	TextBox	文本框	Page	页
CommandGroup	命令按钮组	Timer	定时器	PageFrame	页框
ComboBox	组合框	ToolBar	工具栏	ProjectHool	项目挂钩
Container	容器	Label	标签	Seperator	分隔符

除 Column、Header、OptionButton、Page 外,其余的基类都可以在类设计器中派生出具有新的属性和方法程序的子类。表 6-2、表 6-3 列出了基类共有的属性和方法程序。

表 6-2　基类的共有属性

属性名称	功　　能
Class	说明该类属于何种类型
BaseClass	说明该类由何种基类派生
ClassLibarary	说明该类从属于类库
ParentClass	父类

表 6-3　基类的共有方法程序

方法程序名称	功　　能
Init	当对象创建时激活
Destroy	当对象从内存中释放时激活
Error	当类中的事件或方法程序发生错误时激活

6.2.2　容器类与控件类

Visual FoxPro 中的基类可以分为容器类和控件类。容器类可以包含其他对象,不同的容器包含的对象类型是不同的。常见容器类及可包含的控件对象,如表 6-4 所示。

表 6-4　常见容器类及可包含的控件对象

容器名称	所包含对象
命令按钮组	命令按钮
容器	任意控件
表单集	表单、工具栏
表单	页框、任意控件、容器或自定义对象
表格	列表头和除表单集、表单、工具栏、计时器和其他列以外的任意对象、表格列
选项按钮组	选项按钮
页框	页面
页面	任意控件、容器和自定义对象
项目	文件、服务程序
工具栏	任意控件、页框和容器

从上表可以看出,一个容器的对象本身也可以是容器。例如,表单集内可以包括表单和工具栏,而表单还可以包含容器;表单内容器能够包含页框等对象,这样就形成对象的嵌套层次关系。

控件类也称为非容器类,通常被放置在一个容器里,是一个可以以图形化的方式显示出来并能与用户进行交互的对象,如命令按钮、文本框等。常见控件类如表6-5所示。

表6-5 常见控件类

名 称	基类名	名 称	基类名	名 称	基类名	名 称	基类名
Check	检查框	EditBox	编辑框	Line	线条	Shape	形状
ComboBox	复选框	Grid	表格	ListBox	列表框	Spinner	微调按钮
CommandGroup	命令按钮组	Image	图像	OptionGroup	单选按钮组	TextBox	文本框
CommandButton	命令按钮	Label	标签	PageFrame	页框	Timer	定时器

6.2.3 Visual FoxPro 中类的创建

Visual FoxPro 为用户提供了大量的基类,简化了程序的设计过程。但是基类往往不能满足用户的具体需求,这时就需要利用"类设计器"在基类的基础上创建新类。利用"类设计器"经过类的声明、属性设计、方法程序设计3个步骤创建一个新类。

1. 类的声明

类的声明,指的是在打开"类设计器"前,定义类的名称、父类和类库名。

选择"文件"→"新建"命令,选择"类"项,单击"新建文件"按钮,打开"新建类"对话框,如图6-3所示。各部分功能如下:

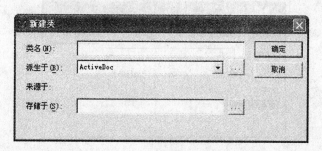

图6-3 "新建类"对话框

① 类名:用于输入新建类的名称。

② 派生于:点击下拉列表框可以选择基类作为新建类的父类。在下拉列表框中一共有29个可选择的基类,这些基类可以是容器类和非容器类。

③ 存储于:用于选择已有类库名或者输入新建的类库名,以存储新建类。

④ 取消:取消新建类的操作。

⑤ 确定:打开"类设计器"对话框,如图6-4所示。

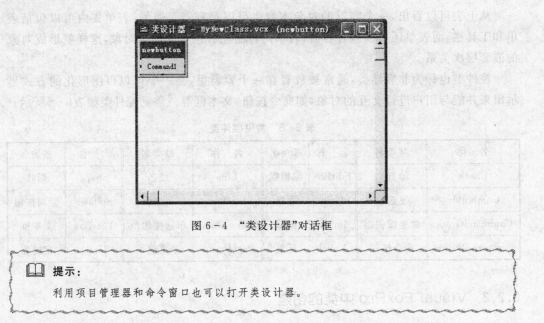

图 6-4 "类设计器"对话框

> 📖 **提示：**
>
>   利用项目管理器和命令窗口也可以打开类设计器。

2.属性设计

新类继承了父类的属性,但是已有属性可能不能满足需求,此时可以根据需要给新建类添加新属性,修改或者删除已有属性。

(1)添加新属性

选择"类"→"新建属性"命令,打开"新建属性"对话框,如图 6-5 所示。各部分功能如下：

图 6-5 "新建属性"对话框

① 名称:输入新的属性名称。

② 可视性:设定属性的可视性。可视性选项有 3 个,分别是"公共"、"保护"和"隐藏"。当属性设为"公共"时,其他类可以对该属性进行访问;设为"保护"时,可在本类和派生出的子类中访问;设为"隐藏"时,该属性只能在本类中访问,子类和其他类均无权访问该属性,起到保护作用。

③ Access 方法程序:利用 Access 方法程序可查询属性值。

④ Assign 方法程序:利用 Assign 方法程序可更改属性值。

⑤ 说明：输入新属性的说明。

⑥ 添加：关闭"新建属性"，完成新属性的设计。

⑦ 关闭：关闭"新建属性"，终止对新属性的设计。

（2）修改已有属性

选择"显示"→"属性"命令，打开"属性"对话框对原有属性进行修改，如图 6-6 所示。

（3）删除属性

选择"类"→"编辑属性/方法程序"命令，打开"编辑属性/方法程序"对话框，如图 6-7 所示。选择要删除的属性，单击"移去"按钮，删除选中的属性。

3. 方法程序设计

新类继承了父类的方法程序，但是已有方法可能不满足需求，此时可以根据需要给新建类添加新方法，修改或者删除已添加的方法。

图 6-6 "属性"对话框

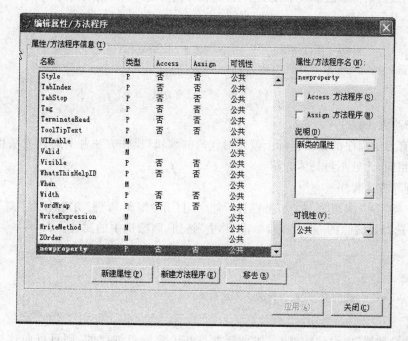

图 6-7 "编辑属性/方法程序"对话框

（1）添加新方法

操作步骤如下：

1）选择"类"→"新建方法程序"命令，打开"新建方法程序"对话框，如图 6-8 所示。各部分功能如下：

① 名称：用于输入新建方法程序的名称。

图 6-8　"新建方法程序"对话框

② 可视性：设定新建方法程序的可视性。可视性选项有 3 个，分别是"公共"、"保护"和"隐藏"。当方法程序设为"公共"时，其他类可以对该方法程序进行访问；设为"保护"时，可在本类和派生出的子类中访问；设为"隐藏"时，该方法程序只能在本类中访问，其子类和其他类均无权访问该方法程序，起到保护作用。

③ 说明：对话框中输入新建方法程序的说明。

2）添加代码

在"属性"对话框双击新添加的方法程序，打开"代码编辑框"，输入代码，如图 6-9 所示。

图 6-9　修改已有方法

（2）修改方法程序

对已有方法程序的修改实际上就是对代码的编辑，操作方法和为新建方法程序添加代码操作相同，此处不再具体介绍。

（3）删除方法程序

选择"类"→"编辑属性/方法程序"命令，打开"编辑属性/方法程序"对话框，见图 6-7。选择要删除的方法程序，单击"移去"按钮，删除选中的属性。

> ◀》 注意：
>
> 　　在 Visual FoxPro 中，只能删除用户添加的属性和方法程序。

在"类设计器"中设计新类时，如果新类是基于容器类创建的，则可以向这个类中添加控件并可以调整大小，修改所添加对象的属性。

【例 6-2】　基于表单创建一个新类，新类带有"确定"和"取消"按钮以及"新建容器类"的标签。

操作步骤如下：

① 选择"文件"→"新建"命令，选择"类"项，单击"新建文件"按钮，打开"新建类"对话框。

② 在"类名"对话框中输入类名"newform"，"派生于"下拉列表框中选择基类

"Form","存储于"对话框中输入类库名"MyNewClass"。

③ 单击"确定"打开"类设计器",在"属性"对话框中将表单 Caption 项改为"新表单"。

④ 在表单上添加一个标签控件,在"属性"对话框中将标签的 Caption 项改为"新建容器类"。

⑤ 在表单上添加两个按钮控件,在"属性"对话框中将按钮的 Caption 项分别改为"确定"和"取消",并调整相应位置,如图 6-10 所示。

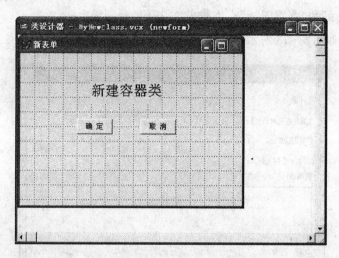

图 6-10　在新建容器类中添加对象

在新类创建完成后,为了方便使用,用户可以将定义好的新类库添加到"表单控件"面板上;同时,还可以给新建的类添加图标,以便和系统原有的类进行区分。

【例 6-3】　将 MyNewClass.vcx 类库添加到"表单控件"面板上,并为 newform 类添加图标。

操作步骤如下:

① 在"控件面板"上选择"查看类"→"添加",弹出"打开"对话框,如图 6-11 所示。

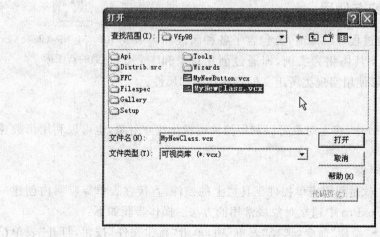

图 6-11　"打开"对话框

② 选择"MyNewClass.vcx",单击"打开"即完成添加。在"控件面板"上选择"查看类"→"MyNewClass.vcx",即切换到 MyNewClass.vcx 类库,如图 6-12 所示。此时,可以像使用系统本身的控件一样方便地使用其中的类创建对象。

图 6-12　MyNewClass.vcx
类库

③ 选择"类"→"类信息"命令,打开"类信息"对话框,单击"工具栏图标"和"容器图标"文本框的 □ 按钮,分别输入 图标路径,如图 6-13 所示。

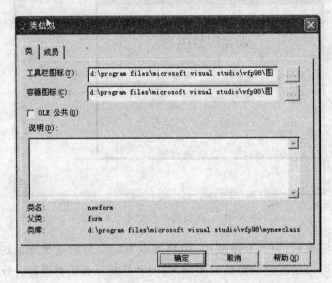

图 6-13　"类信息"对话框

④ 单击"确定"按钮。此时"表单控件"面板上的类 MyNewClass.vcx 的图标换成□,如图 6-14 所示。

6.2.4　对象的建立与使用

从上节类的创建过程可以知道,类包含了各种属性和方法。在程序中,将类具体化为实例,即通过创建对象和对对象的引用,才能够使用实现类所定义的各种功能和属性。

图 6-14　MyNewClass.vcx
类的新图标

1. 对象的建立

在 Visual FoxPro 中,建立对象可以利用控件可视化建立对象,也可以利用函数建立对象。

(1)可视化建立对象

可视化建立对象就是利用表单控件工具栏上的控件,直接在表单等容器内创建一个对象。这是 Visual FoxPro 中建立对象最常用的方法。操作步骤如下:

① 选择"文件"→"新建"命令,选择"表单"项,单击"新建文件"按钮,打开"表单设计器"对话框,这时表单设计器内便会自动构建一个空白的表单,如图 6-15 所示。

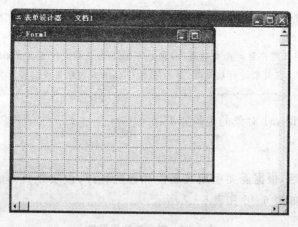

图 6-15 "表单设计器"对话框

② 选择"表单控件"上的控件,在空白表单上单击,即可建立相应控件的对象。

 提示:

空白表单实际上是容器 Form 的对象。

(2)利用函数建立对象

在 Visual FoxPro 中,可以利用函数 CREATEOBJECT()建立对象。

格式:

〈对象名〉 = CREATEOBJECT(〈类名〉)

功能:建立对象。

【例 6-4】 利用函数命令建立新建类 newform 的对象。

```
SET class TO MyNewClass
Myform1 = CREATEOBJECT ("newform")
Myform1.Visible = .T.
```

运行结果如图 6-16 所示。

图 6-16 创建的新表单对象

> **◀》 注意：**
>
> 　　利用该命令建立用户自定义类对象时，首先用 SET 命令指定所要建立对象的类的位置，即指向类所在的类库。在对象运行结束时，需利用类 release 方法程序将其释放。

　　例如，释放 Myform1 对象的代码如下：

```
Myform1.release
```

　　在对象建立之后，根据需要引用其属性和方法程序，以实现具体的功能。对象的常用属性和方法程序如表 6-6 和表 6-7 所示。

表 6-6　对象的常用属性

属性名称	功　　能
Name	指定对象引用名
Caption	指定对象的标题文本
Value	指定控件状态
ForeColor	指定对象的前景色
BackColor	指定对象的背景色
FontName	指定对象文本的字体名
FontSize	指定对象的字号
Enabled	指定对象是否可用
Visible	指定对象是否可见
ReadOnly	指定对象是否只读
Height，Width，Left，Top	指定对象的高度、宽度和位于直接容器的左边和上边的起点
ControlSource	确定对象的数据源，一般为表的字段名
TabIndex	指定对象在表单中 Tab 键的选取顺序

表 6-7　对象的常用方法程序

方法程序名称	功　　能
Refresh	刷新对象的屏幕显示
SetFocus	把焦点移到该对象
SetAll	为容器中所有（或某类）控件的属性赋值
Init	在对象建立时，Init 事件代码中编写有关对象的初始化的操作
Destroy	在对象被释放前触发其 Destroy 事件
Error	对象的方法程序代码出错时被触发，可用该事件处理程序代码错误

（续表）

方法程序名称	功　　能
Click	鼠标单击时所产生的事件
DblClick	双击鼠标时产生的事件
MouseDown,MouseUp	鼠标按下左键时触发 MouseDown 事件,释放左键时触发 MouseUp 事件
MouseMove	在对象上移动鼠标指针时产生的事件
DragDrop	鼠标拖动对象时产生的事件
DownClick,UpClick	鼠标单击组合框、列表框或微调器的向下箭头时触发 DownClick 事件,单击向上箭头时触发 UpClick 事件
KeyPress	单击某一键时产生的事件
GotFocus,LostFocus,When,Vaid	当对象获取焦点时将触发 GotFocus 事件;当对象失去焦点时将触发 LostFocus 事件;在对象获取焦点前触发 When 事件;在对象失去焦点前触发 Vaid 事件

2. 对象的使用

从例 6-2 可以看出,对象的使用实际上是对对象属性和方法程序的引用。对象属性和方法程序的引用分为两类:绝对引用和相对引用。

（1）绝对引用

绝对引用就是从包含该对象的最外面的容器对象名开始,一层一层向内引用。一直引用到目标对象。

【例 6-5】　利用绝对引用修改例 6-2 的“确定”按钮的 Visible 项属性。

双击“确定”按钮,打开代码编辑框,输入代码如下:

```
Myform1.Command1.Visible = .F.
```

运行程序,点击“确定”按钮,这时按钮的 Visible 属性被修改为.F.,在表单上“确定”按钮不可见,如图 6-17 所示。

图 6-17　绝对引用方式修改对象属性

（2）相对引用

相对引用就好像在 DOS 中使用的相对路径一样，仅需从当前位置开始应用，一直引用到目标对象。系统提供的相对引用的关键字及其意义，如表 6-8 所示。

表 6-8　相对引用的关键字

关键字	功　　能
This	当前操作对象
ThisForm	当前操作表单
ThisFormSet	当前操作的表单集
Parent	当前对象的直接容器（也可叫父对象）
ActiveForm	当前活动表单
ActivePage	当前活动页
ActiveControl	当前具有焦点的控件

相对引用只能在对象的方法过程中使用。下面是几种常用的相对引用的使用方法。

① This：引用对象本身的属性方法和事件。

② This. Parent. 引用对象名：引用与本身对象处于同一容器中的对象。

③ ThisForm. 对象名：引用当前表单中的对象。

【例 6-6】　利用相对引用修改例 6-5 的"确定"按钮的 Visible 项属性。

双击"取消"按钮，打开代码编辑框，输入代码如下：

```
ThisForm.Command1.Visible = .T.
```

运行程序，点击"确定"按钮，这时表单上的"确定"按钮不可见；然后，点击"取消"按钮，"确定"按钮的 Visible 属性被修改为.T.，此时，表单上的"确定"按钮重新在表单上显示出来。

6.3　表单设计器

设计表单时，可以利用表单向导和表单设计器两种方式。用表单向导生成表单时，无需用户书写代码就可以简便地生成一个应用程序；但表单向导只能按一定的模式产生界面，样式和功能比较单一，往往不能满足实际需要，因此实际应用中经常需要使用表单设计器来创建和修改表单，通过可视化的方式，设计灵活、专业化的用户程序界面。

6.3.1　使用表单设计器创建表单

表单是一个容器类，可以放置任何数目的其他控件，是 Visual FoxPro 系统中用户的主要操作界面。表单的创建可以通过命令、表单向导和表单设计器这 3 种方式创建。本节仅介绍最后一种方法。

操作步骤如下：

(1)选择"文件"→"新建"命令,选择"表单"项,单击"新建文件"按钮,打开"表单设计器"对话框,见图6-15。

(2)选择"表单",出现如图6-18所示界面,单击"快速表单",打开"表单生成器"对话框。各选项卡功能如下。

1)"字段选取"选项卡,如图6-19所示。

① 数据库和表:显示并供用户选择数据库和数据表。

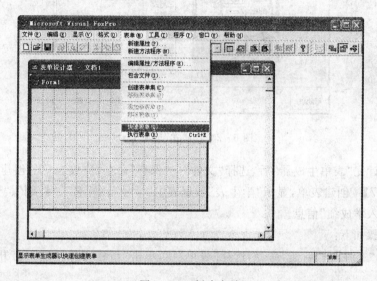

图6-18 创建表单

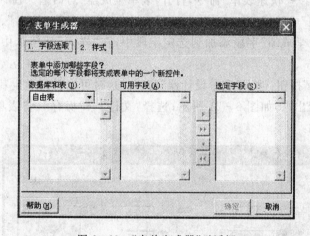

图6-19 "表单生成器"对话框

② 可用字段:显示选定数据表中的可用字段。单击右侧的 ▸ 按钮,可以将选定的单个可用字段添加到选定字段中去;单击 ▸▸ 按钮,将可用字段全部添加到选定字段中。

③ 选定字段:显示用户选定的可用字段。单击左侧的 ◂ 按钮,可以将选定的单个字段去除;单击 ◂◂ 按钮,可将所有选定字段全部去除。

2)"样式"选项卡,如图6-20所示。

样式:用于设计表单的表现形式。

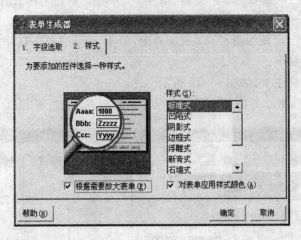

图 6-20 "样式"选项卡

3）在设计完"表单生成器"后，选择"文件"→"保存"命令，完成表单的创建。

【例 6-7】 创建表单，显示"学生表"数据表中"学号"、"姓名"、"性别"、"专业编号"、"团员否"、"入学成绩"信息。

操作步骤如下：

① 选择"文件"→"新建"命令，选择"表单"项，单击"新建文件"按钮，打开"表单设计器"对话框。

② 选择"表单"→"快速表单"命令，打开"表单生成器"对话框。在"字段选取"选项卡中，在"数据库和表"中选择"学生表"，将可用字段中的"学号"、"姓名"、"性别"、"专业编号"、"团员否"、"入学成绩"字段添加到选定字段中；在"样式"选项卡中将样式选择设为"浮雕式"。

③ 单击"确定"按钮，返回"表单设计器"窗口。这时可以看到学生基本信息表中的字段就在表单中显示出来，如图 6-21 所示；选择"文件"→"保存"，将表单保存为"学生专业.scx"。

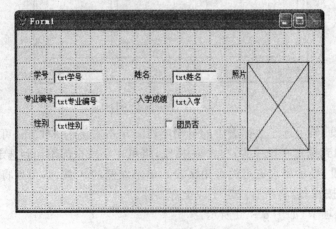

图 6-21 学生专业表单

④ 选择"表单"→"运行表单",可以查看表单的实际设计效果。

6.3.2 表单设计器界面

为进一步更好的设计修改表单,有必要熟悉一下表单设计器界面。表单设计器界面是由"表单设计器"窗口、"表单设计器"工具栏、"属性"窗口、"调色板"工具栏、"表单控件"工具栏和"布局"工具栏组成。

1."表单设计器"窗口

"表单设计器"窗口包含正在设计的表单,用户在该窗口内可以调整表单的大小和位置、添加、修改控件等操作。

2."表单设计器"工具栏

"表单设计器"工具栏一共有 9 个开关功能按钮,如图 6-22 所示。各部分功能如下。

① 设置 Tab 键次序:用于改变 Tab 键访问表单控件的先后顺序。当按下该按钮时,表单上的控件显示出 Tab 键访问控件的顺序;此时,依次点击控件,即可改变访问顺序。

图 6-22 "表单设计器"工具栏

② 数据环境:打开数据环境设计器,可以添加表或视图,设置表与表之间的关系,形成一个依附表单的数据环境。

③ 属性窗口:打开属性窗口,设置表单和其中对象的属性。

④ 代码窗口:打开代码窗口,编辑窗口和其中对象的方法和事件代码。

⑤ 表单控件工具栏:显示表单控件工具栏,为表单添加控件。

⑥ 调色板工具栏:打开调色板工具。

⑦ 布局工具栏:打开布局工具栏,对表单内的多个控件进行对齐、高度、宽度和大小的调整等操作。

⑧ 表单生成器:打开表单生成器,快速生成表单。

⑨ 自动格式:打开自动格式生成器,为控件生成统一的格式。

3."属性"窗口

"属性"窗口由对象框、选项卡、属性设置框、属性列表框和属性说明框等组成,如图 6-23所示。各部分功能如下:

① 对象框:在对象框中包含当前表单、表单集和控件的列表,通过列表可以查看并选择表单所包含的对象,以便对其属性和方法进行修改。

② 选项卡:能够以全部、数据、方法程序、布局和其他等 5 种方式查看并选择对象的属性、方法程序和事件。

③ 属性设置框:用来设置更改对象的某一属性值。

④ 属性列表框:显示当前对象的属性,左侧为属性名称,右侧为当前属性值。

⑤ 属性说明框:对选中对象的属性和方法的用途进行说明。表单常用的属性和方法程序如表 6-9 所示。

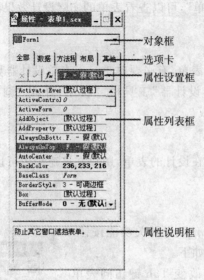

图 6-23 "属性"窗口

表 6-9 表单常用的属性和方法程序

类型	名　称	功　　能
属性	AlwaysOnTop	指定表单是否总是处在其他打开窗口之上，防止其他窗口遮挡表单
	AutoCenter	指定表单对象初始化时是否让表单自动地在 Visual FoxPro 主窗口中居中
	BackColor	指定表单对象内文本和图形的背景色
	BorderStyle	指定表单对象的边框样式
	Caption	指定表单对象的标题文本
	Closable	指定用户是否能通过双击"关闭"框来关闭表单
	MaxButton	指定表单是否具有最大化按钮
	MinButton	指定表单是否具有最小化按钮
	Movable	指定在运行时用户能否将表单移动到屏幕的新位置
	WindowState	指定表单在运行时是最小化还是最大化
	WindowType	指定表单对象在显示或运行 DO 语句时如何动作
方法程序	Activate	当激活表单时发生
	Click	在表单上单击鼠标左键时发生
	DblClick	在表单上双击鼠标左键时发生
	Destroy	当表单对象释放时发生
	Init	在创建表单对象时发生
	Error	当某方法（过程）在运行出错时发生
	KeyPress	当用户按下并释放某个键时发生

（续表）

类型	名　称	功　　能
方法 程序	Load	在创建表单对象前发生
	Unload	当表单对象释放时发生
	RightClick	在用户单击鼠标右键时发生
	AddObject	运行时，在表单对象中添加对象
	Move	移动一个对象
	Refresh	重新绘制表单并刷新所有值
	Release	从内存中释放表单
	Show	显示表单并指定该表单是模式的还是无模式的

4."调色板"工具栏

在对象的"属性"窗口中可以改变对象的颜色，而"调色板"工具栏可以一次改变一组对象的颜色。"调色板"工具栏如图 6-24 所示。

在利用调色板改变多个控件的颜色时，首先选择需要改变颜色的对象，然后在调色板上选择相应的背景色或前景色，即可改变对象的颜色。

5."表单控件"工具栏

"表单控件"工具栏上共有 25 个按钮，可以利用上面的控件工具按钮创建控件对象，也可以在控件面板上根据需要添加控件，如图 6-25 所示。具体内容将在 6.4 节介绍。

6."布局"工具栏

利用"布局"工具栏可以调整"表单控件"上控件的对齐方式、高度、宽度和大小，以保持表单的美观性，如图 6-26 所示。具体内容将在 6.3.3 节介绍。

图 6-24 "调色板"
工具栏

图 6-25 "表单控件"
工具栏

图 6-26 "布局"
工具栏

6.3.3　控件的操作与布局

利用"表单控件"工具栏能够在表单上快捷地建立控件对象，并利用"布局"工具栏对控件的位置和大小进行调整，使表单界面更加简洁、美观。

1.控件的操作

"表单控件"工具栏上控件共有 21 个控件，按照其具体功用可分为 6 类，如表 6-10

所示。

表6-10 常用控件

类 别	控件名称	功 能
输出类	标签	创建一个标签,显示文本信息
	图像	在表单上显示图像
	线条	在表单上画出各种类型的线条
	形状	在表单上画出各种类型的形状
输入类	文本框	创建一个文本框,可实现单行文本的输入、编辑
	编辑框	创建一个编辑框,可实现多行文本的输入、编辑
	微调按钮	创建一个微调按钮,用于接收给定范围的数值输入
	列表框	创建一个列表框,用于显示供用户选择的列表项
	组合框	与列表框类似,创建一个下拉式菜单,供用户选择或者输入一项
控制类	命令按钮	创建一个命令按钮,用于完成特定操作
	命令按钮组	创建一个命令按钮组,对其中的命令按钮统一管理
	复选框	创建一个复选框,供用户进行多项选择
	单选按钮组	创建一个单选按钮组,供用户从若干个选项中选择一个
	计时器	创建计时器,按设定时间间隔触发制定过程,运行时不可见
容器类	表格	创建一个表格,以表格形式显示、操作数据
	页框	包含多个页面的容器
	容器	容纳其他控件
连接类	Active 控件	用于向应用程序中添加 OLE 对象
	Active 绑定控件	绑定在通用型字段上的控件,用于向应用程序中添加 OLE 对象
	超级链接	用于在表单上加入超级链接
其 他	分隔符	在控件间加入空格

📖 **提示:**

"表单控件"工具栏上还有 4 个功能工具,分别是"选择对象"、"查看"、"生成器锁定"和"按钮锁定"。

① 查看对象:用于选择表单上已经添加的控件,对其进行修改或调整。

② 查看:用于添加一个自定义类库,在控件面板上显示选定类库中的类控件。

③ 生成器锁定:为添加到表单上的控件打开一个生成器。

④ 按钮锁定:用于锁定某个控件,以便在面板上添加多个相同的控件。

在表单上可以对控件进行添加、选择、调整位置和大小以及复制和删除等操作。

（1）控件的添加

在工具栏上单击"控件"按钮，然后在表单上需要添加控件的位置点击，创建了一个控件；用户还可以利用"按钮锁定"按钮向表单上添加多个相同的控件。

> **注意：**
>
> 在工具栏上双击"控件"按钮，按钮锁定功能自动生效，再单击"按钮锁定"按钮即可取消该功能。

（2）控件的选择

用户可以在面板上选择一个或多个控件。当选择一个控件时，用鼠标单击该控件就可以选中该图标；如果需要选择一个区域内的控件，首先点击"表单控件"工具栏上的"选择对象"按钮，在表单上按住鼠标左键并拖动，在预想区域内拖出一个选择框，可以选定该区域内的所有控件；另外按住 Shift 键单击需要选择的控件，可以选择不同区域的多个控件。

（3）调整控件大小和位置

调整控件大小时，首先选中控件，控件周围出现 8 个调整句柄，然后在这些调整句柄上按住鼠标左键并拖动鼠标，这时可以改变控件的长度、宽度和大小；进行细微调整时，可以在选中对象后，在按住 Shift 键的同时利用方向键对控件的大小进行调整。

调整控件位置时，首先选中控件，然后按住鼠标左键，可以将该控件拖动到新的位置；进行细微调整时，可以在选中对象后使用键盘上的方向键进行调整。

> **提示：**
>
> 在调整控件大小和位置时，可以参照表单上的网格进行调整。如果网格没有显示，选择"显示"→"网格线"命令，可以将网格控制线显示出来。

（4）控件的复制和删除

首先选中控件，右键单击选择"复制"命令或者选择"编辑"→"复制"，然后再使用"粘贴"命令就可以复制出一个控件。

删除控件时，首先选中控件，然后点击键盘上的 Delete 键就可以将控件删除。

2. 控件的布局

在前面介绍了控件位置和大小的调整方法，但是如果控件较多或需要精确调整控件的大小和位置时，使用前面的方法就会很麻烦，这时利用"布局"工具栏对控件进行布局操作。"布局"工具栏如图 6-26 所示。

"布局"工具栏上一共有 13 个图标，其具体功能如表 6-11 所示。

表 6-11 "布局"工具栏按钮

按钮名称	功　　能
左边对齐	选中的多个控件以对象的左边界为基准对齐
右边对齐	选中的多个控件以对象的右边界为基准对齐
顶边对齐	选中的多个控件以对象的顶边界为基准对齐
底边对齐	选中的多个控件以对象的底边界为基准对齐
水平居中对齐	选中的控件水平居中,如果是多个控件将会重叠
垂直居中对齐	选中的控件垂直居中,如果是多个控件将会重叠
相同高度	选中的多个控件的高度与最高控件的高度相同
相同宽度	选中的多个控件的宽度与最宽控件的宽度相同
相同大小	选中的多个控件尺寸调整至最大控件的尺寸
水平居中	选中的控件中心水平线对齐至表单中心的水平轴线
垂直居中	选中的控件中心垂直线对齐至表单中心的垂直轴线
置前	选中的控件放置到其他控件的前面
置后	选中的控件放置到其他控件的后面

调整布局时,首先选择需要调整的控件,然后点击"布局"工具栏上的按钮,即可完成相应地布局操作。

6.3.4　建立数据环境

在利用快速表单创建表单"学生专业. scx"时,表单中已经包含了一个数据表的字段。但是在实际应用中,几个数据表是相互关联的,所以还需要利用"数据环境设计器"在表单中进一步建立数据环境。

表单的数据环境是指包括与表单交互作用的表和视图,以及所需要的表与表之间的关系。使用数据环境可以带来很多方便,如在打开或运行表单时,自动打开表或视图;在关闭或释放表单时自动关闭表。下面在例 6-7 的基础上介绍建立数据环境的方法。操作步骤如下:

(1)启动"数据环境设计器"

选择"表单设计器"工具栏→"数据环境",打开"数据环境设计器",如图 6-27 所示。

📖 提示:

通过下面两种方法也可以打开"数据环境设计器"。

(1)选择系统菜单"显示"→"数据环境"命令。

(2)在建立的表单空白处单击右键,在弹出的菜单上选择"数据环境"命令。

（2）添加数据表

在"数据环境设计器"上单击右键，选择"添加"命令，打开"添加表或视图"窗口，如图6-28所示。各部分功能如下。

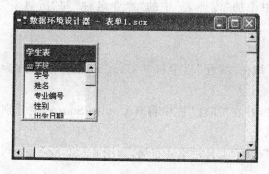

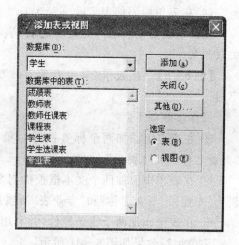

图6-27　"数据环境设计器"对话框　　　　图6-28　"添加表或视图"对话框

① 数据库：供用户选择所要添加数据表所在的数据库。

② 数据库中的表：显示所选定的数据库中的表格，供用户进行选择。

③ 选定：供用户选择所需要添加的类型，如表或视图。

④ 添加：完成表添加操作。

⑤ 关闭：关闭"添加表或视图"对话框。

⑥ 其他：在不改变"数据库"项所选择数据库的情况下，添加其他数据库中的表或视图。选择"专业表"，单击"添加"按钮，将其添加到"数据环境设计器"中。

（3）设置数据表之间的关系

在数据表添加后，可以在"数据环境设计器"中看出表之间的关联。如果两个表原来已存在永久关系，则在两个表之间会自动显示表示关系的连线，如图6-29所示，学生表中的"专业编号"字段和专业表中"专业名称"字段之间存在着关联。

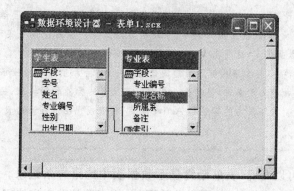

图6-29　数据表间建立关联表

如果需要建立表之间的关联,可以在"数据环境设计器"窗口中,用鼠标左键选中父表的字段直接拖到子表的索引上,即可建立两个数据表之间的关联;如果解除关联,首先选择连线,然后按 Delete 键即可删除。

(4)在表单中添加表字段

在设置完数据表之间的关联之后,表单上同时显示多个表的字段,并与表中的数据关联起来。

【例 6-8】 在表单"学生专业.scx"中添加"专业表"中的"专业名称"和"所属系"字段。

操作步骤如下:

① 在表单上添加两个标签控件对象,并在"属性"栏中将其 Caption 项分别修改为"专业名称"和"所属系"。

② 在表单中添加两个文本框控件对象,并在"属性"栏中将其 ControlSource 项分别设为"专业表.专业名称"和"专业表.所属系"。

③ 在表上添加两个线条控件,并利用"布局"工具栏重新布局,如图 6-30 所示。

表单运行效果如图 6-31 所示。

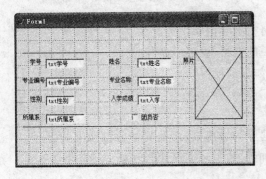

图 6-30 向"学生专业"添加"专业表"中的字段

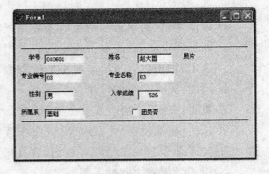

图 6-31 添加字段后的运行效果

> 📖 **提示:**
>
>   为方便用户设计,Visual FoxPro 允许从"数据环境设计器"、"项目管理器"和"数据库设计器"窗口中直接将字段、表或视图拖入表单,系统将自动产生对应的控件并实现与该字段、表或视图与对应控件的数据绑定,这是在 Visual FoxPro 中常用的操作方式。
>
>   在默认情况下,将字符型字段拖入当前的数据表中,将会产生一个对应该字段名的标签和文本框;将备注型字段拖入表单时,将产生一个对应字段名的标签和编辑框;将通用型字段拖入表单时,将产生一个对应字段名的标签和 Active 绑定;将表或视图拖入当前表单,将产生一个对应的表格。

在运行程序时可以发现,表单始终显示数据表中的第一条记录。这时,需要根据具体需要在表单中加入相应控件、编辑方法代码等,使表单具有现实使用意义。

6.4　基本表单控件

6.4.1　标　签

标签控件一般用于显示文本提示信息,文本的显示格式由标签的属性指定,其常用属性如表 6 - 12 所示。

表 6 - 12　标签的常用属性

属性名称	功　　能
Caption	指定标签对象的标题文本,最多允许 256 个字符
AutoSize	指定是否自动调整控件大小以容纳其内容
BackStyle	指定标签的背景是否透明
Alignment	指定与标签控件相关联的文本的对齐方式
ForeColor	指定标签控件中文本和图形的颜色
FontSize	指定对象文本的字体大小
FontName	指定用于显示文本的字体
FontBold	指定文本字体是否加粗
Width	指定对象的宽度
Visible	指定标签控件是否可见

【例 6 - 9】　在表单"学生专业. scx"中添加一个标签,在"属性"窗口将标签的属性做如下修改,作为表单界面的提示信息:

Alignment 属性修改为"2 -中央"。

Caption 属性修改为"学生专业一览表"。

FontSize 属性修改为"22"。

将表单保存,运行结果如图 6 - 32 所示。

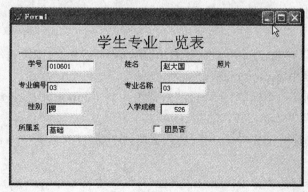

图 6 - 32　运行结果

6.4.2 文本框

文本框用于显示、修改和录入数据。其常用属性和事件如表6-13和表6-14所示。

表6-13 文本框的常用属性

属性名称	功　　能
PasswordChar	口令字符。指定文本框控件内是显示用户输入的字符还是显示用户指定的占位符
ReadOnly	指定用户能否编辑控件
Value	指定文本框当前状态
InputMask	指定在文本框中如何输入和显示数据
ControlSource	指定与文本框建立联系的数据源
SelStart	返回用户在文本框中输入区内选定文本的起始点位置
SelLength	返回用户在文本框中输入区内选定字符的数目
SelText	返回用户在文本框中输入区内选定的文本
SelectOnEntry	指定用户单击列中的单元格或用 Tab 键移到该单元时,该单元是否将被选定
Format	指定文本框控件的 Value 属性的输入/输出格式

表6-14 文本框常用的事件

事件名称	功　　能
When	在控件得到焦点前发生
GotFocus	当对象通过用户操作或以代码方式得到焦点前发生
Valid	在控件失去焦点前发生
LostFocus	当对象失去焦点时发生

【例6-10】 制作一个输入密码界面。

操作步骤如下:

① 选择"文件"→"新建"命令,选择"表单"项,单击"新建文件"按钮,创建一个新的表单,在"属性"对话框中将 Caption 项修改为"登录"。

② 在表单上创建一个标签,在"属性"对话框中将 Caption 项修改为"请输入密码",ForeColor 项属性设为"255,255,255"。

③ 在表单上创建一个文本框,用于输入密码,在"属性"对话框中将 PasswordChar 项设为" * "。

④ 在表单上添加两个命令按钮,在"属性"对话框中将 Caption 项分别修改为"确定"和"退出",ForeColor 项属性均设为"255,128,128",如图6-33所示。

保存并运行表单,可以在密码输入框中输入密码查看一下运行效果。

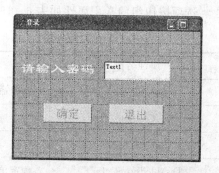

图6-33 "登录"界面

6.4.3 编辑框

编辑框与文本框的功能类似,都是用于显示、输入和修改数据。它们之间的区别是文本框是在一行中显示数据,输入的内容放不下,会自动向左移动;而编辑框为若干行的一个区域,当编辑框的ScrollBars属性设为.T.,还可包含滚动条,适合编辑较多内容的文本。

编辑框的属性和事件大多与文本框类似,此处不再具体介绍。

6.4.4 选项按钮组

选项按钮组是用来包含单选按钮的控件。一个选项按钮组可以包含多个单选按钮,但在同一时刻,只能有一个单选按钮处于选中的状态。

【例6-11】 将表单"学生专业.scx"中的"txt性别"文本框改为选项按钮组。

操作步骤如下:

① 在"txt性别"文本框的原有位置添加一个选项按钮组控件。

② 在选项按钮组上单击右键,在弹出的菜单中选择"编辑"命令,选项按钮组周围出现绿色的边框,选择其中的单个选项按钮,在"属性"对话框中将其Caption项分别修改为"男"和"女"。

③ 在"属性"对话框中将ControlSource项设置为"学生表.性别",然后调整两个按钮位置,使其并排显示,如图6-34所示。

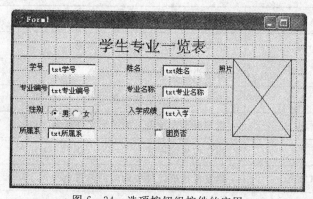

图6-34 选项按钮组控件的应用

> 📖 **提示:**
> 对选项按钮组的编辑也可在"属性"窗口的"对象框"中直接选择选项按钮组中各选项按钮进行修改;也可以在选项按钮组上单击右键,选择"生成器"进行快速修改。

选项按钮组的常用属性如表 6-15 所示。

表 6-15　选项按钮组的常用属性

属性名称	功　　能
ButtonCount	指定命令按钮组中的按钮数目
Caption	指定选项按钮组中按钮的标题文本
ControlSource	指定与对象建立联系的数据源
DisabledForeColor	确定单选按钮失效时的前景色
DisabledBackColor	确定单选按钮失效时的背景色

上表中的 ButtonCount 是指在选项按钮组中单选按钮的个数,选项按钮组的 Value 属性指定默认选中的单选按钮序号。选项按钮组中各单选按钮 Caption 属性为各单选按钮的提示信息;Value 属性为该单选按钮是否被设为默认选项:Value 为 1 表示当前的单选按钮被选中,否则为 0,其功用和选项按钮组的 Value 属性功用相同。

6.4.5　复选框

复选框由一个方框和一个标题组成,通常每个复选框代表一个逻辑值,表示该项是否被选中,当用户选中某一个复选项时,该复选框前面会出现一个"√"。通常,多个复选框同时使用,用于供用户进行多项选择,如兴趣爱好的统计、个人职位的应聘、信息判断等等。

例如,例 6-7 中的"团员否"对象即为复选框,其常用属性如表 6-16 所示。

表 6-16　复选框的常用属性

属性名称	功　　能
ControlSource	指定与对象建立联系的数据源
Value	表示当前复选框控件的状态
Caption	指定复选框对象的标题文本
Picture	指定显示在控件上的图形文件或者字段
Style	指定控件的样式
DisabledForeColor	确定复选框控件失效时的前景色
DisbaledBackColor	确定复选框控件失效时的背景色

6.4.6　命令按钮

命令按钮一般通过单击引发特定的事件,执行相应的代码来完成某些功能,如确认、取消等操作。命令按钮的常用属性如表 6-17 所示。

表 6 - 17　命令按钮的常用属性

属性名称	功　能
Caption	指定按钮对象显示的文本,用于说明按钮的功能
Picture	指定显示在按钮控件上的图形文件或者字段
Default	指定按下 Enter 键时,按钮进行响应,即设定默认按钮
Cancel	指定按钮是否为"取消"按钮
Visible	指定按钮是否可见。默认值为.T. 时,即按钮可见
Enabled	指定按钮是否可用。默认值为.T. 时,即按钮可用

【例 6 - 12】　为例 6 - 10 中表单的按钮添加代码。

双击"确定"按钮,输入代码如下:

```
If ThisForm. Text1. Value = "123456"
messagebox("欢迎使用本系统!!",0,"提示")
do form D:\学生成绩系统\FORM\登录.scx
ThisForm. release
else
messagebox("密码错误!!",0,"提示")
endif
```

双击"退出"按钮,输入代码如下:

```
ThisForm. release
```

保存并运行表单,当输入正确的密码后,单击"确定"按钮,提示登陆成功并进入到程序的主界面,否则提示密码错误;当单击"退出"按钮时,退出程序。

6.4.7　命令按钮组

当一个表单需要多个命令按钮时,可以使用命令按钮组使事件代码更简洁,界面更加整洁和美观。命令按钮组可以包含多个按钮,在用户单击其中一个按钮时,将引发特定的事件,执行相应代码完成该按钮的特定功能。命令按钮组的常用属性如表 6 - 18 所示。

表 6 - 18　命令按钮组的常用属性

属性名称	功　能
Visible	指定按钮是否可见。默认值为.T. 时,即按钮可见
Enabled	指定按钮是否可用。默认值为.T. 时,即按钮可用
ButtonCount	指定一个命令按钮组或选项按钮组中的按钮数目

【例 6 - 13】　为表单"学生专业. scx"添加一个命令按钮组,完成返回首页、上页、下页等功能。

操作步骤如下：

① 在表单上添加命令按钮组控件,右键点击命令按钮组对象,选择"生成器",打开"命令组生成器"对话框。如图 6-35 所示。

② 在"按钮"选项卡内设置"按钮的数目"为"8",修改按钮名称分别为"首页"、"上页"、"下页"、"末页"、"寻页"、"增页"、"删页"和"关闭"。

③ 在"布局"选项卡内选择"水平排列"按钮,"按钮间隔像素"为"7",点击"确定"完成按钮的设计。此时表单如图 6-36 所示。

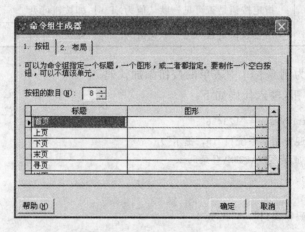

图 6-35 "命令组生成器"对话框

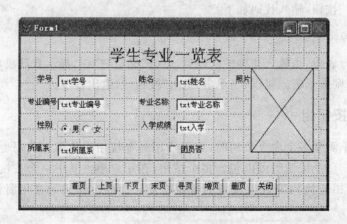

图 6-36 命令按钮组水平排列

④ 双击命令按钮组,为按钮组添加 CLICK 事件代码,输入如下代码:

```
do case
case this.value = 1                      && 单击首页,显示第一条记录
go top
case this.value = 2                      && 单击上页,显示上一条记录
if not bof( )
skip 1
endif
```

```
case this.value = 3          && 单击下页,显示下一条记录
skip
if eof( )
skip 1
endif
case this.value = 4          && 单击末页,显示最后一条记录
go bottom
case this.value = 5          && 单击查找,显示查找界面并返回结果
case this.value = 5
xh = ""
do form FORM\输入学号       && 显示输入学号表单记录
dqjlh = recno( )
if len(xh)<> 0
locate for 学号 = xh
if not found( )
wait window "无此学号记录!"
go dqjlh
endif
endif
case this.value = 6                    && 增加学生记录
zy = messagebox("需要增加学生记录吗?",4 + 32 + 256,"确认")
if zy = 6
append blank
endif
case this.value = 7                    && 删除学生记录
sy = messagebox("需要删除当前的学生记录吗?",4 + 32 + 256,"确认")
if sy = 6
delete
pack
endif
case this.value = 8          && 退出表单
thisform.release
endcase
thisform.refresh
```

⑤ 新建一个表单,存储为"输入学号"。在上面添加一个标签和一个文本框控件,在"属性"对话框中将标签的Caption 项修改为"请输入要查询的学号",按照步骤②~④添加一个命令按钮组,"按钮名称"分别修改为"确定"和"取消",如图 6 - 37 所示。

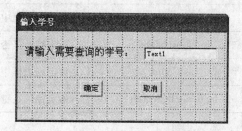

图 6 - 37 "输入学号"表单

双击命令按钮组，添加 CLICK 事件，输入代码如下：

```
do case
case this.value = 1                          && 单击"确定"，将文本框中的值赋予全局变量 xh
xh = trim(thisform.text1.value)
do form d:\学生成绩系统\FORM\学生选课.scx
thisform.release
case this.value = 2                          && 单击"取消"，将全局变量 xh 赋空字符串
xh = " "
thisform.release
endcase
```

保存并运行"学生专业"表单，通过命令按钮组就可以进行查找、浏览、添加和删除等操作。

6.4.8 列表框

列表框以列的形式显示数据供用户进行选择，然后执行所需的操作。列表框的常用属性如表 6－19 所示。

表 6－19　列表框的常用属性

属性名称	功　　能
RowSource	指定列表框控件中数据值的来源
RowSourceType	指定列表框控件中数据值的源类型
DisplayValue	指定列表框中选定数据项的第一列的内容
BoundColumn	在列表框包含多项时指定哪一列作为 Value 属性的值
ColumnCount	指定列表框控件中列对象的数目
MultiSelect	指定用户能否在列表框控件内进行多重选定及如何进行多重选定
MoverBars	指定列表框控件内是否显示移动条
Sorted	指定列表框列表部分内的条目是否自动按字母顺序排列
ListIndex	指定列表框中选定数据项的索引值
IntegralHeight	指定控件是否自动重新调整大小以防止文本只能显示一部分
ListCount	指定列表框中数据项的数目
IncrementalSearch	指定控件在键盘操作时是否支持增量搜索

列表框常用的事件和方法程序如表 6－20 所示。

表 6 - 20　列表框常用的事件和方法程序

事件和方法程序名称	功　　能
AddItem	添加新数据项
RemoveItem	移去数据项
Clear	清除列表框控件中的内容
Requery	重新查询与列表框控件建立联系的行源
Click,DblClick	鼠标单击和双击时的事件

【例 6 - 14】　用列表框显示"专业表"中的"专业名称"和"专业编号"字段。

操作步骤如下：

① 新建一个表单，在表单上添加一个列表框控件，如图 6 - 38 所示。

② 右键单击列表框对象，选择"生成器"命令，打开"列表框生成器"对话框，选择"专业表"中的"专业名称"和"专业编号"字段，如图 6 - 39 所示。

③ 保存表单并运行，通过列表框可以很方便地查看"专业名称"和"专业编号"，如图 6 - 40 所示。

图 6 - 38　列表框控件

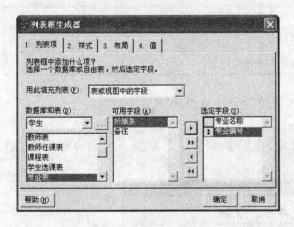

图 6 - 39　"列表框生成器"对话框

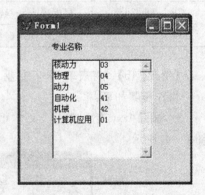

图 6 - 40　列表框运行结果

6.4.9　组合框

组合框和列表框的功能类似，它是由一个文本框和一个列表框组成的，又被称为弹出式菜单。用户使用时，单击文本框右侧的三角形即可展开下拉列表。组合框的常用属性如表 6 - 21 所示。

表 6-21　组合框的常用属性

属性名称	功　能
RowSource	指定组合框控件中数据值的来源
RowSourceType	指定控件中数据值的源类型
DisplayValue	指定组合框中选定数据项的第一列的内容
BoundColumn	在组合框包含多项时指定哪一列作为 Value 属性的值
ColumnCount	指定组合框控件的列数
Sorted	指定组合框控件的列表部分内的条目是否自动按字母顺序排列
ListIndex	指定组合框中当前被选定项的索引值
ListCount	组合框中数据项的数目
Style	指定组合框的样式
IncrementalSearch	指定控件在键盘操作时是否支持增量搜索

组合框常用的事件和方法程序如表 6-22 所示。

表 6-22　组合框常用的事件和方法程序

事件和方法程序名称	功　能
AddItem	添加新数据项
RemoveItem	移去数据项
Clear	清除组合框控件中的内容
Requery	重新查询与组合框控件建立联系的行源
Click,DblClick	鼠标单击和双击时的事件
InteractiveChange	当用户使用键盘或鼠标更改组合框的值时发生的事件

【例 6-15】　将表单"学生专业. scx"上的"txt 专业编号"文本框改为组合框。

操作步骤如下：

①　删除"txt 专业编号"文本框对象，在原来的位置上添加一个组合框对象，如图 6-41 所示。

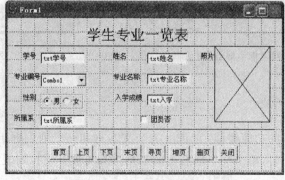

图 6-41　添加组合框

② 右键单击该组合框控件对象,选择"生成器",打开"组合框生成器"对话框。

③ 在"列表项"选项卡中添加专业表中的"专业编号"字段,如图 6-42 所示。

④ 在"值"选项卡中设置字段名为"学生表.专业编号",如图 6-43 所示。这时,保存运行"学生专业"表单可以查看一下实际效果。

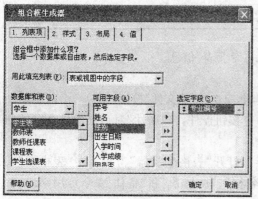

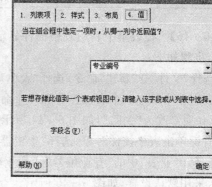

图 6-42 "列表项"选项卡的设置　　　　　图 6-43 "值"选项卡的设置

6.4.10 表 格

表格通常用来浏览或编辑表文件的记录内容,它是按行和列操作来显示数据的容器,表格的每一行显示一条记录,每一列显示一个字段。

一个表格对象包含一个表头对象和一个或多个列数据操作对象。表头对象用于列标头显示内容和格式,列数据操作对象是对列数据进行操作时所选用的控件。表格的常用属性和方法程序如表 6-23 和表 6-24 所示。

表 6-23 表格的常用属性

属性名称	功　　能
ColumnCount	指定表格控件中列对象的数目
DeleteMark	指定表格控件中是否具有删除标记
RecordSourceType	指定与表格控件建立联系的数据源的打开方式
RecordSource	指定与表格控件建立联系的数据源
ChildOrder	为表格控件的记录源指定索引标识
LinkMaster	指定与表格控件中所显示子表相联接的父表
Caption	指定对象标题文本

通过修改表格的属性和方法,可以指定表格显示的内容。在表格中不仅能显示字段数据,还可以在表格的列中嵌入文本框、复选框、下拉列表框、微调按钮及其他控件。

表 6-24　表格常用的方法程序

方法程序名称	功　　能
ActivateCell	激活表格控件中的一个单元格
AddColumn	在表格控件中添加列对象
AddObject	在运行时向容器对象中添加一个对象

【例 6-16】　在表单中利用表格控件显示"专业表"信息。

操作步骤如下：

① 选择"文件"→"新建"命令，选择"表单"项，单击"新建文件"按钮，创建一个新表单。

② 在表单中添加一个表格控件和一个命令按钮控件，在"属性"对话框中将命令按钮的 Caption 项修改为"关闭"，如图 6-44 所示。

③ 右键单击表格控件对象，选择"生成器"，打开"表格生成器"窗口。在"表格项"选项卡中选择"专业表"中的"专业编号"、"专业名称"、"所属系"和"备注"4 个可用字段，其余选项卡采用默认设置，如图 6-45 所示。

④ 双击"关闭"按钮，为 CLICK 事件添加如下代码：

```
thisform.release
```

保存并运行该表单，结果如图 6-46 所示。

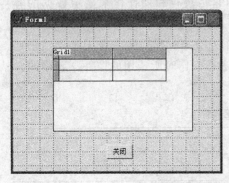

图 6-44　创建表格对象

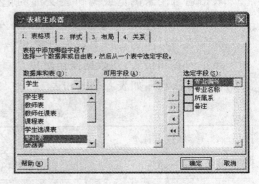

图 6-45　"表格生成器"窗口

图 6-46　运行"专业"表单结果

📖 **提示：**

　　如果需要对表格进行修改，可以选择表格，单击右键在菜单中选择"编辑"进入编辑状态，对表格的表头或者列进行添加、删除、修改、添加或者删除控件等操作。

6.4.11　页　框

　　页框是页的容器，通常和页同时使用，一个页框可以包含多个页。页框和页的关系类似于 Windows 操作系统中的对话框和选项卡之间的关系，如图 6-47 所示。

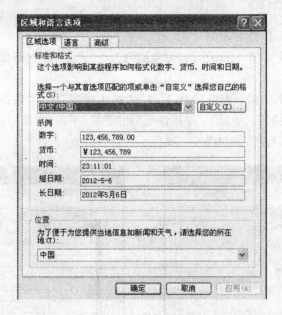

图 6-47　对话框和选项卡

　　页本身也是一种容器，一个页内也可包含若干个对象。页框中通过页面标题来选择页面，扩展了表单页面并方便分类组织对象。页框的常用属性如表 6-25 所示。

表 6-25　页框的常用属性

属性名称	功　　能
PageCount	指定页框对象所包含的页数
ActivePage	指定活动页面
TabIndex	指定一个页对象上控件的 Tab 键次序
TabStop	指定用户能否用 Tab 键将焦点转移到对象上

　　【例 6-17】　创建一个包含两个页的页框，分别利用表格控件显示"专业"和"课程"内容。

　　操作步骤如下：

① 选择"文件"→"新建"命令,选择"表单"项,单击"新建文件"按钮,创建一个新表单。

② 在表单上添加一个页框控件,如图 6-48 所示。

③ 选择页框对象,单击右键选择"编辑",进入页框的编辑状态,将 Page1 和 Page2 的 Caption 属性分别修改为"专业"和"课程",并调整页框对象的大小,如图 6-49 所示。

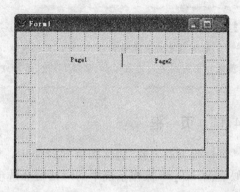

图 6-48　添加页框对象

④ 在"专业"页面中添加表格对象,通过"表格生成器"选择"专业"表格中的"专业编号"、"专业名称"、"所属系"和"备注"字段,如图 6-50 所示。

⑤ 在"课程"页面中添加表格对象,通过"表格生成器"选择"课程"表格中的"课程编号"、"课程名称"、"学时"、"学分"、"课程性质"和"备注"字段,如图 6-51 所示。

将表单保存并运行,结果如图 6-52 所示。

图 6-49　修改页面属性图

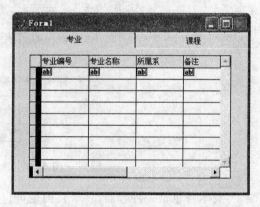

图 6-50　在"专业"页面内添加专业表格

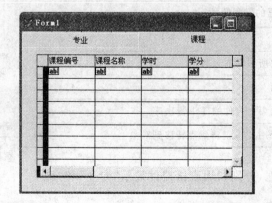

图 6-51　在"课程"页面内添加课程表格

图 6-52　查看页框对象运行结果

小 结

　　本章重点讲述了面向对象程序设计的相关内容,并通过实例帮助大家进行理解。用户可以通过表单的设计实现程序的可视化和面向对象。通过在表单中添加控件,能够快速地搭建出适应实际应用需求的程序框架。主要内容如下:

　　(1)面向对象程序设计的基本思想,重点在于对类和对象的概念、特征的理解。

　　(2)Visual FoxPro 中常见的基类和控件类,尤其是建立新类的方法。

　　(3)Visual FoxPro 中对象的创建方法和引用方式。

　　(4)熟悉表单设计器的界面,并能够利用表单设计器快速创建表单并构建数据环境。

　　(5)表单基本控件的功用和使用方法。

练 习 题

选择题

1.下列几组控件中,均为容器类的是( )。

　　A.表单集、列、组合框

　　B.页框、页面、表格

　　C.列表框、列下拉列表框

　　D.表单、命令按钮组、OLE 控件

2.假定表单(frm2)上有一个文本框对象 Text1 和一个命令按钮组对象 cg1,命令按钮组 cg1 包含 cd1 和 cd2 两个命令按钮。如果要在 cd1 命令按钮的某个方法中访问文本框对象 Text1 的 Value 属性,下列表达始终正确的是( )。

　　A. This. ThisForm. Text1. Value

　　B. This. Parent. Parent. Text1. Value

　　C. Parent. Parent. Text1. Value

　　D. This. Parent. Text1. Value

3.如果要引用一个控件所在的表单对象,则可以使用下列关键字( )。

　　A. This　　　　　　B. ThisForm　　　　　　C. Parent　　　　　　D. 都可以

4.下面( )特性不是类的基本特性。

　　A. 多态　　　　　　B. 继承　　　　　　C. 封装　　　　　　D. 原生

5.面向对象程序设计方法通过( )驱动实现系统功能。

　　A. 过程　　　　　　B. 事件　　　　　　C. 方法　　　　　　D. 命令

6.若从表单的数据环境中,将一个逻辑型字段拖放到表单中,则在表单中添加的控件个数和控件类型分别是( )。

　　A. 1,文本框　　　B. 2,标签与文本框　　　C. 1,复选框　　　D. 2,标签与复选框

7.下面关于列表框和组合框的叙述中,哪个是正确的( )。

　　A.列表框和组合框都可以设置成多重选择

　　B.列表框可以设置成多重选择,而组合框不能

　　C.组合框可以设置成多重选择,而列表框不能

　　D.列表框和组合框都不能设置成多重选择

8.在创建表单选项按钮组时,下列说法中正确的是(　　)。

　A.选项按钮的个数由 Value 属性决定

　B.选项按钮的个数由 Name 属性决定

　C.选项按钮的个数由 ButtonCount 属性决定

　D.选项按钮的个数由 Caption 属性决定

填空题

1.根据对象能否包容子对象来划分,对象可以分为(　　)和控件类两种类型。

2.基类的事件集合是固定的,不能进行扩充。基类的最小事件集包括(　　)事件、Destroy 事件和 Error 事件。

3.某表单 Form1 上有一个命令按钮组 Cmg,其中有两个命令按钮(分别为 cmd1 和 cmd2),要在 cmd1 的 Click 事件代码中设置 cmd2 不可用,其代码为 This(　　)cmd2. Enabled＝. F.

4.对象引用的方法包括(　　)引用和(　　)引用。

5.子类延用父类特征的能力是类的(　　)性;允许相关的对象对同一消息做出不同反应是类的 (　　)性;说明包含和隐藏对象信息(如内部数据结构和代码)的能力,使操作对象的内部复杂性与应用程序的其他部分隔离开来,是类的(　　)性。

6.类具有继承性、抽象性、封装性和(　　)。

7.文本框(　　)属性设置为"＊"时,用户键入的字符在文本框内显示为"＊",但属性 Value 中仍保存键入的字符串。

8.复选框控件只适用于(　　)型字段和(　　)型字段。

9.表单中包含一个页框控件,页框控件包含的页面数由(　　)属性指定。

10.在表单设计器中设计表单时,如果从数据环境设计器中将表拖放到表单中,则表单中将会增加一个(　　)对象;如果从数据环境设计器中将某表的逻辑型字段拖放到表单中,则表单中将会增加一个(　　)对象。

第7章
菜单设计

Windows 环境下的应用程序一般都以菜单的形式列出其所具有的功能,它能调用应用程序的各种功能。在应用程序中采用菜单驱动方式能大大方便用户,减少用户操作的难度,并使得应用程序的结构更为清晰,这已经成为开发 Windows 下的应用程序的标准。本章首先介绍 Visual FoxPro 系统菜单的基本情况,然后介绍如何配置和定制系统菜单,如何在应用程序中设置下拉式菜单和快捷菜单。

7.1　菜单简介

在一个良好的系统程序中,菜单起着组织协调其他对象的关键作用,一个好的菜单系统会给用户一个十分友好的操作界面,并带来操作上的便利。在对数据库进行操作时,菜单程序尤为重要,本章将介绍应用系统程序菜单的设计及应用。

7.1.1　菜单结构

菜单系统是由菜单栏、菜单标题、菜单和菜单项组成的。其中,菜单栏用于放置多个菜单标题;菜单标题标明每个菜单的名称,单击菜单标题,可以打开一个对应的菜单;菜单是包含命令、过程和子菜单的列表;菜单项是实现某一任务的选项。

在 Windows 中,菜单可以分为下拉式菜单和快捷菜单两种。

(1)下拉式菜单,一般由以下两部分组成。

① 菜单栏:位于下拉式菜单的顶端,它是包含若干个菜单项的一个水平条形区域。

② 菜单项:可执行用户指定的一个命令或过程,或者弹出下一级子菜单。

(2)快捷菜单,又称为弹出式菜单,是为某一控件或对象实现某些功能的菜单,当用户在控件或对象上右击时,将会弹出其快捷菜单。

7.1.2　Visual FoxPro 系统菜单

系统菜单是操作 Visual FoxPro 的另一种方法,用户不必记住 Visual FoxPro 的命令,通过操作菜单就可实现 Visual FoxPro 的大部分功能。Visual FoxPro 系统的主菜单,如图 7-1 所示。

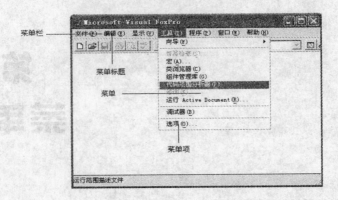

图 7-1 系统主菜单

7.2 菜单设计器的使用

在应用系统中,用户要查找信息,首先便是查看菜单。菜单设计得好,用户只要根据菜单的组织形式和内容,就可以很好地了解应用程序。为此,Visual FoxPro 提供了菜单设计器来创建菜单,以提高应用程序的质量。

7.2.1 菜单设计器

1. 打开"菜单设计器"窗口

在 Visual FoxPro 中,打开"菜单设计器"窗口的方法有 3 种:

(1)在项目管理器的"其他"选项卡中选择"菜单"项,单击"新建"按钮。

(2)选择"文件"→"新建"→"菜单"项,单击"新建文件"按钮。

(3)使用 CREATE MENU 命令。

执行上述任意一种操作后,系统打开"新建菜单"对话框,如图 7-2 所示。单击"菜单"按钮,打开"菜单设计器"窗口,如图 7-3 所示。

图 7-2 "新建菜单"对话框

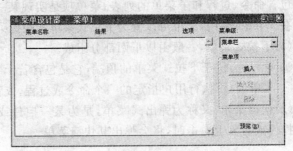

图 7-3 "菜单设计器"窗口

2.“菜单设计器”窗口的组成

(1)菜单名称:在这里输入菜单系统的菜单项的名称。如果用户想为菜单项添加访问键,可在欲设定为访问键的字母前面加上一个反斜杠和小于号(\<)。如果用户没有给出这个符号,那么该菜单项的菜单名称的第一个字母就被自动当成访问键。菜单系统中的访问键不可重复,否则不起作用。此外,每个提示文本框的前面有一个小方块按钮,当用户将鼠标移动到它上面时会变成上下箭头的形状,用鼠标拖动它以可改变当前菜单项在菜单列表中的位置。

(2)结果:在该下拉列表框中指定了选择某一菜单项时发生的动作,各选项功能如下。

① 子菜单:若用户所定义的当前菜单项还有子菜单,则应选择这一项。选中这一项后,在其右侧将出现一个“创建”按钮,单击该按钮将打开新的菜单设计器来设计子菜单(菜单的级别可以从设计窗口右侧的“菜单级”下拉列表框中看出)。

② 命令:如果所定义菜单项是执行一条命令,则应选择该选项。在选择此选项后,右侧出现一个文本框,在其中输入要执行的命令。

③ 过程:如果所定义菜单项是执行一组命令,则应选择该选项。在选择此选项后,列表框右侧会出现“创建”按钮。单击该按钮进入“过程代码编辑”对话框,输入对应的一组命令。

④ 填充名称:当“填充名称”出现在定义主菜单中时,“菜单项♯”出现在定义子菜单中。在选择此选项后,列表框右侧出现文本框,在文本框内输入菜单项的内部名字或序号。其主要目的是为了在程序中引用它。

(3)选项:单击各菜单项的该按钮,将打开“提示选项”对话框,如图7-4所示,可设置用户定义的菜单系统中的各菜单项的属性。

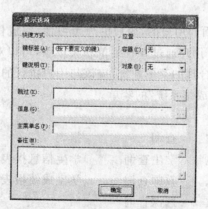

图7-4 “提示选项”对话框

(4)菜单级:这个下拉列表框中显示出当前所处的菜单级别。当菜单的层次较多时,利用这一项可知当前的位置。从子菜单返回上面任一级菜单也要使用这一项。

(5)预览:单击该按钮可观察所设计的菜单的外观。此时可在所显示的菜单中进行选择,检查菜单的层次关系及提示等是否正确,只是这种选择不会执行各菜单的相应动作。

(6)插入:在当前菜单项的前面插入一个新的菜单项。

(7)删除:删除当前的菜单项。

7.2.2 使用菜单设计器创建菜单

1. 创建菜单系统

操作步骤如下:

① 设计应用程序的功能与使用的要求,确定需要哪些菜单,出现在界面的何处以及哪几个菜单要有子菜单等。

② 利用菜单设计器创建所需要的菜单和子菜单。

③ 设置菜单所要执行的任务,如显示表单或对话框等。另外,如果需要,还可以包含初始代码和清理代码。

④ 菜单与表单不同,它不能直接在设计器中生成程序代码,必须专门生成菜单程序代码。在设计器中所做的一切被保存在扩展名为 .mnx 的菜单文件中,文件中保存了有关菜单系统的所有信息,它实际上是一个表文件。单击"菜单"→"生成",生成扩展名为 .mpr 的菜单程序。

⑤ 设计完成后可以运行并测试菜单系统。

2. 规划菜单

菜单系统的质量直接关系到应用系统的质量。规划合理的菜单,可使用户易于接受应用程序。在规划菜单系统时,应遵循下列准则:

① 按照用户所要执行的任务组织菜单系统,避免应用程序的层次影响菜单系统的设计。

② 应用程序最终是要面向用户的,用户的思考习惯、完成任务的方法将直接决定用户对应用程序的认可程度。用户通过查看菜单和菜单项,可以对应用程序的组织方法有一个感性认识。因此,规划合理的菜单系统,应该与用户执行的任务是一致的。

【例 7-1】 创建"学生成绩系统"的菜单。

菜单规划:

系统管理	数据维护	查询	报表
注册	学生信息	学生查询	学生信息报表
退出	成绩录入	教师查询	学生成绩报表
	数据修改	选课查询	
	数据删除	成绩查询	

创建应用系统菜单,要完成主菜单、子菜单项的设计,操作步骤如下:

① 创建主菜单。主菜单实际上是菜单文件的一部分,是建立菜单文件的最初操作,它包含菜单文件中各菜单项的名称。

在"菜单设计器"对话框中,单击"插入"按钮,系统将自动插入一行新的菜单项。在默认情况下,新菜单项被插入到所有菜单项的末尾。在"菜单名称"列中输入菜单标题

"系统管理",按照上述方法创建"数据维护"、"查询"和"报表"菜单,如图7-5所示。

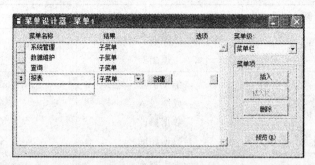

图7-5　创建主菜单

②创建子菜单。对于每个菜单项,都可以创建包含其他菜单的子菜单。选择"系统管理"菜单,在"结果"下拉列表框中选择"子菜单"选项,单击"创建"按钮,Visual FoxPro将打开下一级子菜单设计对话框,按照前述的创建菜单的方法创建子菜单的各菜单项,如图7-6所示。

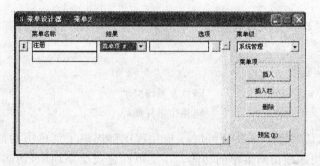

图7-6　创建子菜单

7.2.3　菜单项分组

为增强可读性,在定义子菜单的各菜单项时,将具有相关功能的菜单项分成一组,会使菜单的界面更加清晰,同时可以方便用户的操作。菜单项分组的方法如下:

打开"菜单设计器"对话框,单击"插入"按钮,在"菜单名称"列中输入"\-"(分隔符),拖动"\-"左边的移动按钮将分隔符移动到所希望的位置上即可。

7.2.4　为菜单系统指定任务

创建菜单系统时,需要考虑系统访问的简便性,必须为菜单和菜单项指定所执行的任务。例如,指定菜单快捷键、添加键盘快捷键、显示表单、工具栏以及其他菜单系统等。菜单选项的任务可以是子菜单、命令或过程。菜单任务对应的命令必须明确指定,对应的过程必须输入相应的过程代码。

以"学生成绩系统"的菜单为例实现菜单指定任务,指定任务如表7-1所示。

表 7-1 菜单项

菜单标题	菜单项名称	结　果
系统管理	注册	命令
	退出	过程
数据维护	学生信息	命令
	成绩录入	命令
	数据修改	命令
	数据删除	命令
查　询	学生查询	子菜单
	教师查询	子菜单
	选课查询	命令
	成绩查询	命令
报　表	学生信息报表	命令
	学生成绩报表	命令

(1)"退出"菜单项定义过程代码。单击菜单项的"创建"按钮,打开过程编辑器输入代码如下:

```
CLOSE DATABASE ALL
SET SYSMENU TO DEFAULT          && 恢复系统菜单
CLEAR EVENTS                    && 退出事件循环
```

(2)设置键盘访问键。一般 Windows 应用程序都提供了菜单项的键盘访问方式,从而通过键盘可以快速地访问菜单的功能。在菜单标题或菜单项中,访问键用带下划线的字母表示。为菜单设置访问键的方法如前所述。

例如,要在前面创建的"学生信息"菜单项中设置 P 作为访问键,可在"菜单名称"提示栏中将"学生信息"替换为"学生信息(\<P)",如图 7-7 所示。当执行该菜单时,显示为"学生信息(P)",只要按下 Alt＋P 组合键,就可以直接访问该菜单。

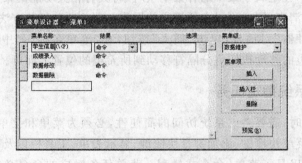

图 7-7 设置访问键

如果没有为某个菜单标题或菜单项指定访问键,Visual FoxPro 将自动指定该菜单项的菜单名称中的第一个字母作为访问键。

(3)指定键盘快捷键。使用键盘快捷键,用户可通过键盘操作直接访问菜单项。与键盘访问键不同,使用键盘快捷键可以在菜单没有被激活的情况下,选取并执行某一菜单中的菜单项。

Visual FoxPro 菜单项的快捷键一般用 Ctrl 键与另一个键相组合。例如,按 Ctrl+N 组合键可在 Visual FoxPro 中创建新文件。操作步骤如下:

① 在"菜单设计器"对话框中选择某一菜单标题或菜单项。

② 单击"选项"列中的按钮,打开"提示选项"对话框。

③ 在"键标签"文本框中,输入要定义的组合键,可创建快捷键。

④ 在"键说明"文本框中,输入希望在菜单项旁边出现的文字,如图 7-8 所示。

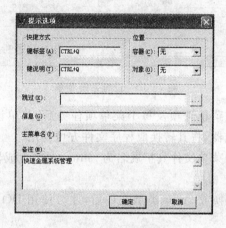

图 7-8　设置快捷键

7.2.5　插入系统菜单

系统菜单中的有些菜单项具有通用性,如"编辑"菜单中的各菜单项等,需要时可把这些功能菜单项直接插入用户的菜单系统中。操作步骤如下:

① 在菜单设计器中,单击"插入栏"按钮,打开"插入系统菜单栏"对话框,如图 7-9 所示。

图 7-9　"插入系统菜单栏"对话框

②在其中的菜单项列表框中列出了所有可用的系统菜单项名称,从中选择一个需要的菜单项,单击"插入"按钮。

③ 重复步骤②,可把需要插入的系统菜单项插入菜单设计器指定的位置,如图7－10所示。完成所有的操作后,关闭该对话框。

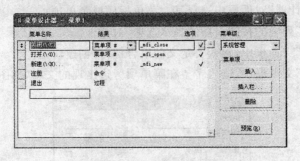

图 7－10 设置系统菜单

用菜单设计器设计完菜单选项及每个菜单项任务后,菜单设计工作并未结束,用户还要通过系统提供的生成器,将其转换成程序文件方可使用。

用菜单设计器设计的菜单文件其扩展名为.mnx,通过生成器的转换,生成的程序文件其扩展名为.mpr。

当.mnx 类型文件转换成.mpr 类型文件后,才可使用 DO 命令调用菜单文件。操作步骤如下:

① 打开菜单(扩展名为.mnx),进入"菜单设计器"窗口。

② 单击"菜单"→"生成"项,打开"生成菜单"对话框,如图 7－11 所示。

③ 输入菜单文件名(扩展名为.mpr),单击"生成"按钮,就会生成对应的菜单程序文件。

图 7－11 "生成菜单"对话框

7.2.6 运行菜单

运行菜单实际上是运行菜单程序,因此运行的方法与运行其他程序文件的方法是相似的。运行菜单的方法有 3 种:

1. 使用项目管理器方式运行菜单

在"项目管理器"窗口中选择相应菜单文件并单击"运行"按钮,结果如图 7－12 所示。

2. 使用菜单方式运行菜单

单击"程序"→"运行"菜单项,并选择需要运行的菜单程序文件名。

3. 使用命令方式运行菜单

格式：

DO〈菜单文件名.mpr〉

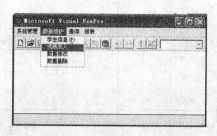

图 7-12　运行结果

7.2.7　为顶层表单添加菜单

在进行程序设计时，有时还需要将一个下拉式菜单添加到一个顶层表单里，操作步骤如下：

① 选择"显示"→"常规选项"命令，打开"常规选项"对话框，在此对话框中选中"顶层菜单"复选框。

② 将表单的 ShowWindow 属性值设置为"2-作为顶层表单"。

③ 在表单的 Init 事件中调用菜单。在 Init 事件中输入代码如下：

DO〈文件名〉WITH This[,"〈菜单名〉"]

其中，〈文件名〉用于指定被调用的菜单程序文件名（含扩展名.mpr）；This 表示对当前表单对象的引用。通过菜单名可以为添加的下拉菜单的条形菜单指定一个内部名称。

④ 在表单的 Destroy 事件代码中添加清除菜单命令，这样在关闭表单时能同时清除菜单，清除其所占的内存空间。

格式：

RELEASE MENU〈菜单名〉[EXTENDED]

说明：其中的 EXTENDED 表示在清除条形菜单时一起清除其下属的所有子菜单。

【例 7-2】　为学生成绩系统建立下拉式菜单。

操作步骤如下：

① 首先建立一个表单，在表单上有一个标签，Caption 属性修改为"学生成绩系统"，还有一个 Caption 属性为"进入系统"的命令按钮，将表单的 FontSize 属性设置为"50"，保存表单。

② 单击"文件"→"打开"命令，将刚才创建的菜单文件"学生信息.mpr"打开。

③ 单击"显示"→"常规选项"命令，打开"常规选项"对话框，选择"顶层表单"复选框，然后单击"确定"按钮，如图 7-13 所示。

④ 单击工具栏上的"保存"按钮，选择"菜单"→"生成"命令，打开"生成菜单"对话框，单击"确定"按钮，打开"提示"对话框，如图 7-14 所示，单击"是"按钮，再次生成"学生信

息.mpr"菜单。

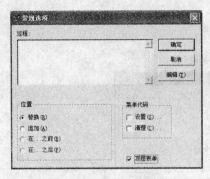

图 7-13 "常规选项"对话框

图 7-14 "提示"对话框

⑤在表单设计器中的属性窗口中将表单的 ShowWindow 属性值设置为"2-作为顶层表单"。

⑥ 在表单的 Init 事件代码中添加代码如下：

DO 学生信息.mpr WITH ThisForm,XXX

⑦在表单的 Destroy 事件代码中添加代码如下：

RELEASE MENU XXX EXTENDED

⑧保存并运行表单,结果如图 7-15 所示。

图 7-15 运行结果

7.3 建立快捷菜单

在 Windows 环境中,快捷菜单的使用非常广泛,它给软件的使用带来了很多方便。在控件或对象上右击时,就会显示快捷菜单,可以快速展示当前对象可用的所有功能。例如,可创建包含"清除"、"剪切"、"复制"和"粘贴"命令的快捷菜单。当用户在表单控件所包含的数据上右击时,将出现快捷菜单。

创建快捷菜单与创建下拉菜单的方法类似,操作步骤如下：

① 打开"快捷菜单设计器"窗口。选择"文件"→"新建"→"菜单"→"新建文件"→"快捷菜单"菜单项或按钮,打开"快捷菜单设计器"窗口,其界面及使用方法与"菜单设计器"

窗口完全相同。

② 添加菜单项。

③ 为每个菜单项指定任务。

④ 在快捷菜单的"清理"代码中添加清除菜单的命令,使得在选择、执行菜单命令后及时清除菜单,释放其所占用的内存空间。命令格式如下:

RELEASE POPUPS〈快捷菜单名〉[EXTENDED]

⑤保存菜单,并生成 .mpr 菜单文件。

⑥ 将快捷菜单指派给某个对象,只需为该对象的 RightClick 事件编写如下代码:

DO〈快捷菜单程序文件名〉

其中,文件的扩展名 .mpr 不能省略。

【例 7-3】 为"学生成绩系统"建立快捷菜单。

创建一个快捷菜单,名称为"KJCD.mpr",要在某一控件中调用快捷菜单文件"KJCD.mpr",只要在该控件中的 RightClick 事件中加"DO KJCD.mpr"。当运行带快捷菜单的表单时,右击控件将弹出快捷菜单。

操作步骤如下:

① 打开"快捷菜单设计器"窗口,定义快捷菜单各选项的内容,如图 7-16 所示。

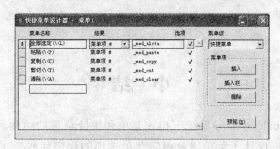

图 7-16 "快捷菜单设计器"窗口

② 单击"显示"→"常规选项"项,打开"常规选项"对话框,如图 7-17 所示。

③ 选择"设置"复选框,打开"设置"代码编辑窗口,在窗口中输入接受当前表单对象引用的参数语句:

PARAMETERS Myform

图 7-17 "常规选项"对话框

④选择"清理"复选框,打开"清理"代码编辑窗口,在窗口中输入清除快捷菜单的命令:

RELEASE POPUPS KJCD

⑤保存菜单,并生成 KJCD. mpr 菜单文件。

⑥ 打开需要设置快捷菜单的表单,并将其 RightClick 事件代码设置成调用快捷菜单程序的命令:

DO KJCD. mpr WITH This

⑦保存表单,运行这个表单,在窗体上单击右键,如图 7-18 所示。

图 7-18　运行结果

小　结

本章介绍了 Visual FoxPro 系统下拉式菜单和快捷菜单的结构和设计方法。使用菜单设计器建立主菜单、设计子菜单以及设定菜单选项的程序代码。主要内容如下:

(1)系统菜单的结构。

(2)下拉式菜单的创建方法。

(3)快捷菜单的创建方法。

练　习　题

选择题

1. Visual FoxPro 支持的两种菜单是( )。
   A. 快捷菜单和下拉式菜单　　　　　B. 条形菜单和下拉式菜单
   C. 条形菜单和弹出式菜单　　　　　D. 以上功能均可实现

2. 菜单文件的扩展名是( )。
   A. . mpr　　　　B. . mnt　　　　C. . mnx　　　　D. . mnr

3. SET SYSMENU 命令的功能是( )。
   A. 允许在程序执行时访问系统菜单　　B. 禁止在程序执行时访问系统菜单
   C. 重新配置系统菜单　　　　　　　　D. 以上功能均可实现

4. 在 Visual FoxPro 中,单击下列( )键可激活菜单。

A. Ctrl   B. Shift   C. Alt   D. Tab

5. 在菜单设计器环境下,系统"显示"菜单会出现的两个选项是( )。

A. 添加和删除   B. 常规选项和菜单选项

C. 常规选项和菜单设计   D. 条形菜单和弹出式菜单

6. 在菜单设计器窗口中,首先显示和定义的是( )。

A. 条形菜单   B. 下拉式菜单   C. 弹出式菜单   D. 快捷菜单

7. 假设已生成了名为 MYMENU 的菜单文件,执行该菜单文件的命令是( )。

A. DO MYMENU   B. DO MYMENU. mpr

C. DO MYMENU. pjx   D. DO MYMENU. mnx

填空题

1. 快捷菜单一般由一个或一组有上下级关系的( )菜单组成。

2. Visual FoxPro 的系统菜单是一个典型的菜单系统,其主菜单是一个( )菜单,子菜单是( )菜单。

3. 不带参数的( )命令将屏蔽系统菜单,使系统菜单不可用。

4. 利用命令方式调用"菜单设计器"窗口,进行菜单的建立或修改,其命令格式为( )。

5. 要为菜单项定义快捷键时,应单击菜单设计器中的( )按钮,在弹出的( )对话框中进行设置。

6. 如果要在当前菜单项之前插入一个新的菜单项行,可单击菜单设计器中的( )按钮。

7. 快捷菜单实质上是一个弹出式菜单,要将某个弹出式菜单作为一个对象的快捷菜单,通常是在对象的( )事件代码中添加调用该弹出式菜单的程序代码。

简答题

1. 简述 Visual FoxPro 的菜单系统组成。

2. 简述创建菜单系统的操作步骤。

3. 如何在菜单界面中设置快捷键?

第8章
报表与标签设计

报表是输出数据库中信息的最有效形式。通过建立一定格式的报表,可以对数据库中的信息进行显示、打印、汇总。在报表中,还可以包含对数据库中数据的统计和分析结果。报表包括两个基本的组成部分:数据源和布局。数据源可以是数据库中的表,也可以是视图、查询或临时表,而报表布局定义了报表的打印格式,该格式的定义是由报表的用户提出的。当用户定义了一个表和一个视图或查询后,就可以创建报表。而标签和报表相类似。本章主要介绍报表和标签的建立及报表的设计方法。

8.1 建立报表

8.1.1 建立报表文件

在 Visual FoxPro 中建立报表的方法有 3 种:

1. 使用"报表向导"创建报表

操作步骤如下:

(1)选择"工具"→"向导",打开报表"向导选取"对话框,如图 8-1 所示。选择"报表向导",单击"确定"按钮。

(2)进入"报表向导"后,按顺序操作会有如下 6 个步骤。

① 字段选取。在"数据库和表"列表框中选择"学生表",单击"可用字段"列表中的"学号",如图 8-2 所示。单击右边的 ▸ 按钮,该字段会出现在"选定字段"列表中,同样的方法添加"姓名"、"课程名称"、"考试成绩"字段。

图 8-1 "向导选取"对话框

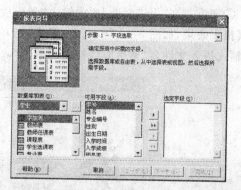

图 8-2 字段选取

② 分组记录。单击"下一步"按钮,弹出如图 8-3 所示的对话框。如果有分组,在这个对话框中选择分组,无分组则直接单击"下一步"按钮。

③ 选择报表样式。在"样式"框中选择需要的样式,如选择"账务式"样式时,对话框左上角可预览样式效果,如图 8-4 所示,单击"下一步"按钮。

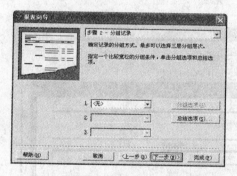

图 8-3 分组记录

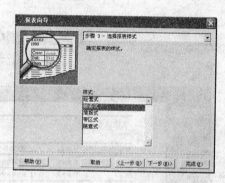

图 8-4 选择报表样式

④ 定义报表布局。选择需要的布局,如图 8-5 所示。单击"下一步"按钮。

⑤ 排序记录。在"可用的字段或索引标识"列表框中选择"学号",单击"添加"按钮,这样报表按学号进行排序,如图 8-6 所示。单击"下一步"按钮。

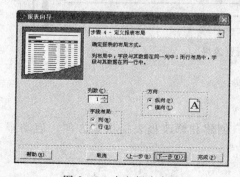

图 8-5 定义报表布局

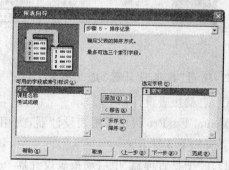

图 8-6 排序记录

⑥完成。在"报表标题"栏中输入"学生成绩报表",如图 8-7 所示。单击"预览"可以观察报表效果,如图 8-8 所示。如果满意,单击"完成"按钮,系统会打开"另存为"对话框,输入报表文件名"学生成绩报表",单击"确定"保存报表。

图 8-7 完成

图 8-8 预览效果

2. 使用"报表设计器"建立报表

(1)启动报表设计器

Visual FoxPro 提供了报表设计器,为用户创建和修改报表提供了方便。启动报表设计器有如下 3 种方法。

1)在"项目管理器"中启动报表设计器

选择"文档"选项卡,在列表框内选择"报表"选项,单击"新建"按钮,打开"报表设计器"窗口,如图 8-9 所示。

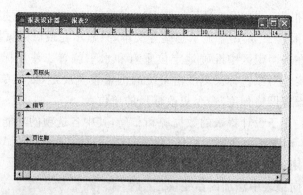

图 8-9 "报表设计器"窗口

2)利用菜单启动报表设计器

选择"文件"→"新建"命令,在打开的对话框中选中"报表"单选按钮,再单击"新建文件"按钮,打开"报表设计器"窗口。

3)使用命令启动报表设计器

格式:

CREATE REPORT [〈报表文件〉]

(2)"报表设计器"窗口

1)报表带区:报表设计器将报表布局划分成若干个不同的区域,称之为带区。不同的报表带区用于放置报表的不同部分。报表设计器默认有 3 个带区:"页标头"带区、"细节"带区和"页注脚"带区。

① 页标头:位于每个报表页面开始的位置,主要放置大标题、表头说明或注解、序号、时间以及特殊标记等内容,而且包含的信息在每页中只显示一次。

② 细节:位于报表的中间位置,是报表的主体,用于放置报表的数据部分。

③ 页注脚:位于每个报表页面结束的位置,用于放置报表的页码及其他每个页面只显示一次的内容。例如,说明、时间、数值累计、签名与标注,或者是指定的任何形式的内容,或者是与标头一样的装饰性内容。

📖 提示：

　　在设计报表各个带区时,必须使整体风格一致,如字形、表格、图形应该设计成一体。

"页标头"、"细节"和"页注脚"带区是报表的基本带区,如果要设置其他带区,用户可以通过"文件"→"页面设置"命令或"报表"菜单中的相应命令来完成。下面是用户可以向报表加入的一些其他带区。

④ 列标头:每列一个,用于显示列标题。

⑤ 列注脚:每列一个,用于显示总结、总计信息。

⑥ 组标头:每组一个,用于显示数据前面的文本。

⑦ 组注脚:每组一个,用于显示数据刚计算的结果值。

⑧ 标题:每个报表一个,用于显示标题、日期等,只显示在第一页报表的最顶端。

⑨ 总结:每个报表一个,用于显示总结等文本,只显示在最后一页报表的最底端。

2)标尺:用于在各个带区中准确地定位垂直和水平位置。使用标尺和"显示"→"显示位置"命令可以定位对象。标尺刻度由系统的测量设置决定,默认单位为英寸或厘米,可使用"格式"→"设置网格刻度"命令更改标尺的单位。

3)报表菜单项:用于设计报表的数据源和布局,其中各选项的功能如下。

① 标题/总结:用于添加或删除标题/总结带区。

② 数据分组:用于指定报表中数据分组的条件。

③ 变量:用于向报表中添加内存变量。

④ 默认字体:用于为报表设置默认字体。

⑤ 私有数据工作期:用于将报表运行在一个私有数据工作区中。

⑥ 快速报表:用于运行"快速报表"。

⑦ 运行报表:用于运行报表。

3. 使用"快速报表"创建报表

启动报表设计器后,通常先使用"快速报表"功能创建一个简单报表,然后在此基础上进行修改,以达到快速创建报表的目的。操作步骤如下:

(1)打开报表设计器后,选择"报表"→"快速报表"命令,弹出"打开"对话框,如图 8-10 所示。选择"学生表"数据表,单击"确定"按钮,打开"快速报表"对话框,如图 8-11 所示。

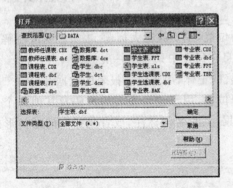

图 8-10 "打开"对话框

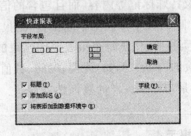

图 8-11 "快速报表"对话框

(2)在"快速报表"对话框中的"字段布局"区域有两个图形按钮,允许用户定义字段布局为"列布局"或"行布局",系统默认为"列布局",这里保留默认设置。对话框中各复选框功能如下。

① 标题:可以使用字段名作为标题头。

② 添加别名:选中该项后,自动在"报表设计器"窗口中为所有字段添加别名。

③ 将表添加到数据环境中:报表设计器将报表使用的表文件自动加入报表的数据环境中。

如果要选择部分字段添加到报表中,可以单击"字段"按钮,打开"字段选择器"对话框,如图 8－12 所示。选择希望在报表中出现的字段。若不使用"字段选择器"对话框选择字段,"快速报表"将表文件的全部字段加入报表布局文件中。在这里选择若干字段,单击"确定"按钮,在报表设计器上出现"快速报表"生成的报表布局,如图 8－13 所示。

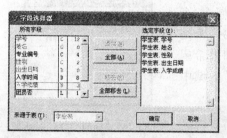

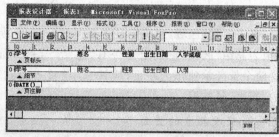

图 8－12 "字段选择器"对话框   图 8－13 报表布局

使用"快速报表"方式只能添加一个数据表,但可以自动完成简单的报表框架。接下来就可以在"报表设计器"窗口中对它进行一定的修改和定制。用户可以把"快速报表"作为一种快速的自动向报表布局中调入表字段的工具来使用。

8.1.2 输出数据

格式:

REPORT FORM〈报表文件名〉|?［范围］［FOR〈条件表达式 1〉］［WHILE〈条件表达式 2〉］

［HEADING〈字符串表达式〉］［NOCONSOLE］［PLAIN］

［PREVIEW［IN WINDOW〈表单名〉|IN SCREEN］|TO PRINTER［PROMPT］|TO FILE〈文件名〉］［SUMMARY］

功能:用于显示或打印指定的报表。若选择"?",将显示已有的报表供用户选择。若省略［范围］选项,则等价于 ALL。

说明:

① HEADING〈字符串表达式〉用于指定放在报表每页上的附加标题文件。PLAIN选项用于指定在报表开始位置出现的页标题。

② NOCONSOLE 用于指定在打印报表或将一个报表传输到一个文件时,不在Visual FoxPro 主窗口或当前活动窗口中显示有关信息。

③ PREVIEW 用于指定以预览模式显示报表,其中的 IN WINDOW〈表单名〉| INSCREEN 选项用以指定是在 Visual FoxPro 主窗口还是在用户自定义表单中输出报表。

④ TO PRINTER［PROMPT］用于把报表送到打印机打印。若包括 PROMPT 选项,则在开始打印前显示"打印机设置"对话框。

⑤ SUMMARY 用来选择是否打印细节行。

8.1.3 定制报表

报表基本格式只包含"页标头"、"细节"和"页注脚"3 个基本带区。如果使用其他带区,可以由用户自己设置,以适应不同报表的要求。在每个报表中都可以添加或删除若干个带区。

1. 添加"标题"和"总结"带区

"标题"带区包含有报表开头打印一次的信息;而"总结"带区包含有报表结束打印一
次的信息。选择"报表"→"标题/总结"命令,弹出"标题/
总结"对话框,如图8-14所示。这里有两个区域,一个
是"报表标题"区域,它决定是否有"标题"带区;另一个是
"报表总结"区域,它决定是否有"总结"带区。如果希望
这两个带区单独作为一页,应该选中"报表总结"区域中
的"新页"复选框。

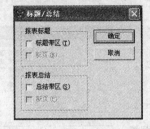

2. 定义报表的页面

图8-14 "标题/总结"对话框

在设计报表时用户对报表页面都有一定的要求,如页
边距、纸张类型等。通过"页面设置"对话框可以完成上述设置。选择"文件"→"页面设置"
命令,打开"页面设置"对话框,如图8-15所示。"页面设置"对话框中的"页面布局"区域中
显示的就是整个打印页面的外观。在"页面设置"对话框的"左页边距"微调框中,可以设置
报表的左边距,改变微调框中的数值,可以看到在"页面布局"区域中的显示也会随着改变,
各选项功能如下。

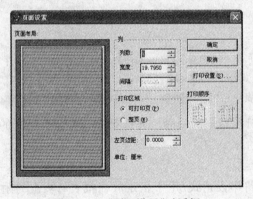

图8-15 "页面设置"对话框

① 列数:指定页面上要打印的列数。

② 宽度:指定一列的宽度,以英寸或厘米为单位。

③ 间隔:指定列之间的距离,以英寸或厘米为单位。

④ 打印区域:如选择"可打印页"选项,则指定由打印机驱动程序确定最小页边距;若
选择"整页"选项,则指定由打印纸的尺寸确定最小页边距。

⑤ 打印设置:单击"打印设置"按钮,弹出"打印设置"对话框,可以对纸张大小和方向
进行设置。

3. 设置报表带区高度

在报表设计器中可以修改每个带区的大小和特征。可以利用鼠标拖动带区以设
置合适的高度。带区高度使用左侧的标尺作为指导,标尺度量仅指带区高度,不包含
页边距。双击某个带区的边框会弹出这个带区的属性设计对话框,用以对这个带区的
详细属性进行设置。例如,双击图8-13中"细节"带区的边框,打开"细节"对话框,如

图 8-16 所示。

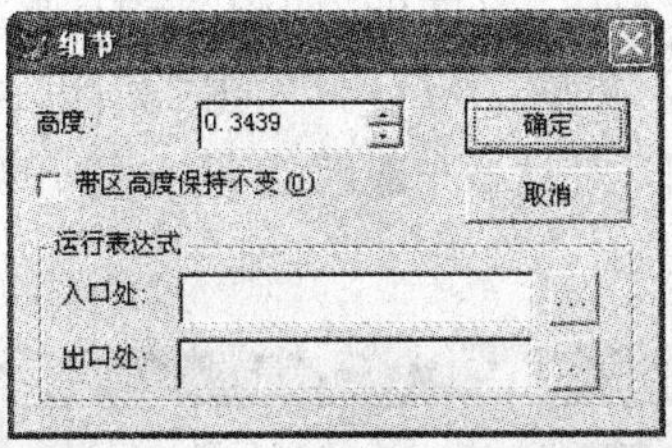

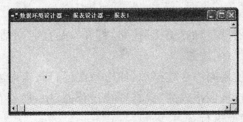

图 8-16 "细节"对话框

8.2 报表设计

8.2.1 报表的数据源和布局

可以在数据环境设计器中简单地定义报表的数据源,用它们来填充报表中的控件。可添加表或视图并使用一个表的索引来对数据排序。

1. 设置报表数据环境

数据环境是一个对象,可以在数据环境设计器中直观地设置数据环境,并将其与报表一起保存。数据环境中的表及其字段都是对象,可以像引用其他对象那样引用表对象和字段对象。

"数据环境设计器"窗口中的数据源将在每次运行报表时打开,而不必以手动方式打开所使用的数据源。前面用报表向导或快速报表的方法建立报表文件时,已经指定了相关表作为数据源。如果使用"报表设计器"创建的空报表直接设计报表时,就需要指定数据源,把数据源加入报表数据环境中。

数据环境通过下列方式管理报表的数据源:

(1)打开或运行报表时打开表或视图。

(2)基于相关表或视图收集报表所需的数据集合。

(3)关闭或释放报表时关闭表或视图。

操作步骤如下:

(1)打开"报表设计器"生成一个空报表,选择"显示"→"数据环境"命令,或在"报表设计器"窗口空白处右击,在快捷菜单中选择"数据环境",打开"数据环境设计器"窗口,如图 8-17 所示。

图 8-17 "数据环境设计器"窗口

（2）在"数据环境设计器"窗口中右击，从快捷菜单中选择"添加"或选择"数据环境"→"添加"命令，打开"添加表或视图"对话框，如图8-18所示。选择作为数据源的表或视图（如选择"学生表.dbf"和"成绩表.dbf"）。单击"关闭"按钮。如果没有出现图8-18所示的对话框，而是出现"打开"对话框，是因为没有打开数据库，请先在命令窗口输入"OPEN DATABASE 学生表"。

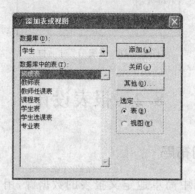

图8-18 "添加表或视图"对话框

（3）如果在表之间没有建立固定关系，需要按下列步骤建立关系：

选择学生表的"姓名"字段，按住鼠标左键拖曳到成绩表的"姓名"索引上后松开鼠标。选择学生表与成绩表的关系（学生表与成绩之间的连线）右击，在快捷菜单中选择"属性"，打开"属性"窗口后，设置OneToMany属性为.T.-真，如图8-19所示。

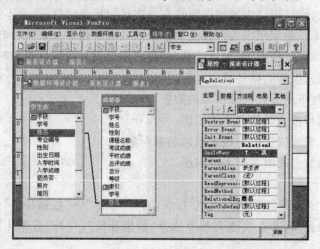

图8-19 设置属性

（4）单击"报表设计器"窗口的"关闭"按钮，打开"保存为"对话框，在对话框中输入文件名"学生报表"，单击"保存"按钮。

如果报表不是固定使用同一个数据源（如在每次运行报表时才能确定要使用哪个数据源），则不把数据库直接放在报表的"数据环境设计器"中，而是在调用报表前打开表或视图；或者运行一个查询或执行SQL语句。

2. 设置报表的输出顺序

当用表作为报表数据源时，在默认情况下报表完全按照表中的记录顺序输出数据。若要按其他顺序在报表中输出数据，必须为此表建立适当的索引，然后在报表的数据环境中为报表设置记录的输出顺序，具体方法如下：

在"数据环境设计器"中选取表，右击，在弹出的快捷菜单中选择"属性"命令，在打开的对话框中选择"数据"选项卡，设置表的 Order 属性"为适当的索引字段"。

8.2.2　添加报表控件

1. 标签控件

标签控件在报表中使用得相当广泛。例如，每个字段前要有一些说明性文字，报表一般都有标题，这些说明性文字都可以使用标签控件来完成。添加标签控件的方法：在"报表控件"中选"标签"按钮后，移动鼠标到窗口中的合适位置，单击鼠标，当出现"!"插入点后输入文本信息。

2. 绘图控件

绘图控件包括线条、矩形和圆角矩形。在"报表控件"中选择相应的绘图控件，然后在报表的一个带区拖曳鼠标，将生成相应的图形。选择"格式"→"绘图笔"命令，再从子菜单中选择线条的大小和样式，可更改所用线条的粗细和样式。

3. 域控件

域控件的添加和布局是报表设计的核心，用于打印表或视图中的字段、变量和表达式的计算结果。

（1）添加域控件

操作步骤如下：

① 在"报表设计器"窗口，选择"显示"→"工具栏"命令，打开"工具栏"对话框，如图 8-20 所示。

图 8-20　"工具栏"对话框

② 选中"报表控件"选项，单击"确定"按钮，打开"报表控件"工具栏，如图 8-21 所示。单击"报表控件"工具栏中的 [abl] 按钮，再单击对应带区，打开"报表表达式"对话框，如

图 8 - 22 所示。

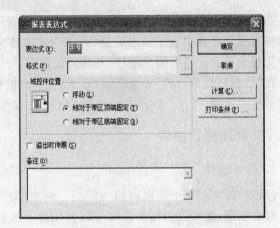

图 8 - 21 "报表控件"工具栏   图 8 - 22 "报表表达式"对话框

可以在"表达式"文本框中输入字段名、变量名或表达式,也可单击右侧的 ⋯ 按钮,打开"表达式生成器"对话框,如图 8 - 23 所示。在"字段"框中双击所需的字段名,表名和字段名将出现在"报表字段的表达式"内。

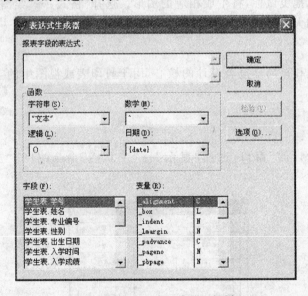

图 8 - 23 "表达式生成器"对话框

如果没有特别需要(如单个表或视图),可以删除表达式中表的别名。如果是多表或视图报表,则不要删除表达式中表的别名;如果"表达式生成器"对话框的"字段"框为空,说明没有设置数据源,应该向数据环境添加表或视图。表达式除了可以使用字段,还可以使用变量,变量包括自定义的报表变量和系统变量。设置完表达式后,单击"确定"按钮,返回"报表表达式"对话框;如果添加的是可计算字段,单击"计算"按钮,打开"计算字段"对话框,如图 8 - 24 所示。用户可以选择表达式的计算方法,若选择"计数",则报表是按学号统计记录数。

图 8 - 24 "计算字段"对话框

(2)定义域控件的格式

插入域控件后,可以更改该控件的数据类型和打印格式。数据类型可以是字符型、数值型或日期型。每一种数据类型都有自己的格式。例如,可以把所有的字母输出转换成大写输出,在数值型输出中插入逗号或小数点,用货币格式显示数值型输出,将一种日期格式转换成另一种日期格式等。格式决定了打印报表时域控件如何显示,并不改变字段在表中的数据类型。

双击域控件,可以打开域控件的"报表表达式"对话框。单击"格式"文本框后面的![...]按钮,打开"格式"对话框,如图 8 - 25 所示。选择域控件的类型:字符型、数值型或日期型。选定不同的类型时,"编辑选项"区域的内容将有所变化。在"格式"对话框中选定格式以后,其结果将在"报表表达式"对话框中的"格式"文本框中显示。

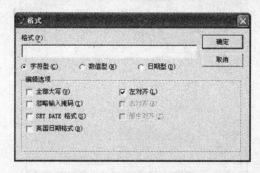

图 8 - 25 "格式"对话框

> 📢 **提示:**
> 定义域控件的格式主要是对"编辑选项"区域中的相关选项进行设置。

(3)设置打印条件

单击"报表表达式"对话框中"打印条件"按钮,弹出"打印条件"对话框,如图 8 - 26 所示。对于不同类型的对象,该对话框显示的内容将有所不同。

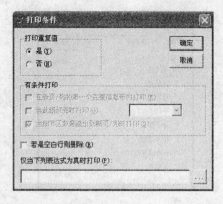

图 8-26 "打印条件"对话框

在打印报表时,若连续几条记录的某一个字段出现了相同值,而不希望打印相同值,则可以在"打印条件"对话框的"打印重复值"区域中选择"否",报表将只打印一次相同值。

4. 图片对象

(1)添加图片

单击"报表控件"工具栏中的圖按钮,在报表的一个带区内单击并拖动鼠标拉出图文框,松开鼠标,打开"报表图片"对话框,图 8-27 所示。

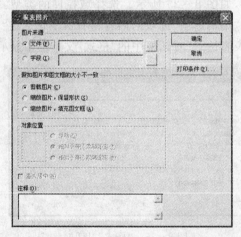

图 8-27 "报表图片"对话框

在"报表图片"对话框中,"图片来源"有"文件"和"字段"两种形式可供选择。

① 文件:在"图片来源"区域选中"文件",并输入一个图形文件的位置和名称,或单击文本框右边的按钮,弹出"打开"对话框,选择一个图片文件,如 .jpg、.gif、.bmp 或 .ico 文件。一个文件内的图片是静态的,它不随每条记录或每组记录的变化而更改。

② 字段:在"报表图片"对话框的"图片来源"区域选择"字段",在"字段"框中输入字段名,或单击字段框右侧的按钮来选取字段,单击"确定"按钮,通用型字段的占位符将出现在定义的图文框内。

（2）调整图片

输出报表时，图片只能在图文框中显示或打印，添加到报表中的图片尺寸可能不适合报表设定的图文框。当图片与图文框的大小不一致时，需要在"报表图片"对话框中选择相应的选项来控制图片的显示大小，各选项功能如下。

① 裁剪图片：系统默认设置，图片将以图文框的大小显示图片。在这种情况下，可能因为图文框太小而只能输出部分图片。

② 缩放图片，保留形状：在图文框中放置一个完整、不变形的图片，在这种情况下，可能无法填满整个图文框。

③ 缩放图片，填充图文框：使图片填满整个图文框，在这种情况下，图片纵横比例可能会改变，从而引起图片的变形。

对于通用型字段中的图片，若要居中放置，可在"报表图片"对话框中选中"图片居中"复选框，这样可以保证比图文框小的图片能够在图文框的正中间位置显示。

8.3　分组报表与报表变量

8.3.1　分组报表的设计

记录在表中是按录入顺序排列的，如果希望将记录以某种特定规律输出，就需要对其进行分组。例如，在"学生表"中，要按"专业"输出学生名单，就必须按"专业"进行分组输出。通过指定字段或字段表达式对记录进行分组可以使报表更加清楚，这种报表通常又称为分组/总计报表。

要对数据进行分组，可首先使用报表设计器建立一个普通报表；再在"报表设计器"中利用"报表"→"数据分组"命令为报表添加一个或多个组，更改组的顺序，重复组标头以及更改或删除组带区等；最后，设计完成后保存报表。

1. 添加单个组

一个单组报表具有基于输入表达式的一级数据分组。操作步骤如下：

① 选择"报表"→"数据分组"命令，打开"数据分组"对话框，如图 8-28 所示。

图 8-28　"数据分组"对话框

② 在"分组表达式"文本框中输入分组表达式；在"组属性"区域，选择需要的属性。分组表达式，它是数据分组的主要依据，可以是一个字段名，也可以由多个字段组成。可以在此文本框中直接输入或单击旁边的 … 按钮，在打开的"表达式生成器"对话框中创建表达式。根据需要设置"组属性"，设置完成后，在报表中将添加一个"组标头"带区和"组注脚"带区。

2. 添加多个数据分组

可以为记录创建多个组（最多 20 级），可以直观地区分出各组记录，并显示各组的详细信息和总计信息。创建多个组的方法与创建单个组相似，唯一不同的是，在"分组表达式"框中要创建多个表达式。分组顺序将利用"组注脚 X"（其中 $X=1,2,3,\cdots$）来标识其顺序。

3. 修改"组"带区及分组顺序

要修改"组"带区，只需在"数据分组"对话框中插入或删除分组表达式，即可添加或删除带区。要调整"组"带区的顺序，从而重新布局报表的输出版面，只需要在"数据分组"对话框中，选中某分组表达式，用鼠标将其拖到新的位置上即可。

4. 创建分组报表

操作步骤如下：

① 打开"报表设计器"窗口。

② 选择"显示"→"数据环境"命令，在打开的"数据环境设计器"窗口中右击，在弹出的快捷菜单中选择"添加"命令，在打开的对话框中添加"学生"数据库和"成绩表"数据表，然后关闭"数据环境设计器"窗口。

③ 选择"报表"→"快速报表"命令建立快速报表，所选字段是"成绩表"数据表中所有字段。

④ 选择"报表"→"数据分组"命令，在打开的对话框中添加分组，按"成绩表．课程名称"分组，如图 8-29 所示。

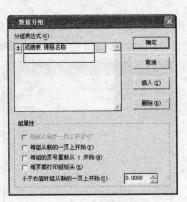

图 8-29　"数据分组"对话框

⑤ 在报表中添加一个"组标头"带区和"组注脚"带区。

⑥ 调节"组标头 1"带区的大小，并从"细节"带区中将分组标准"成绩表．课程名称"

拖到"组标头1"带区中,并调整其余控件的位置,如图8-30所示。

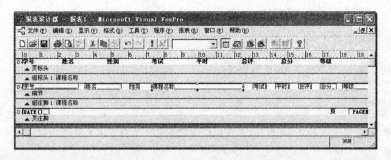

图8-30 "报表设计器"窗口

⑦ 单击"保存"按钮,保存该报表,文件名为"成绩统计报表.frx"。

⑧ 在打印输出分组报表内容之前,必须先对报表数据源按分组标准建立索引。添加代码如下:

USE 成绩表

INDEX ON 专业 + 性别 TAG FZSY

SET ORDER TO FZSY

REPORT FORM 成绩统计报表 TO PRINTER

8.3.2 在报表中添加和使用变量

在报表中定义的变量称为报表变量。在数据库应用系统中,变量的应用最为广泛,能够给程序设计带来极大的灵活性。用户可以在报表中使用变量,计算各种值,并利用这些值来设计报表。操作步骤如下:

① 打开成绩报表,选择"报表"→"变量"命令,打开"报表变量"对话框,如图8-31所示。

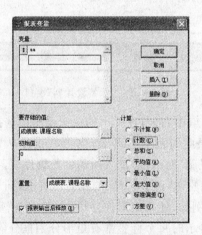

图8-31 "报表变量"对话框

② 在"变量"文本框中输入"aa",在"要存储的值"文本框中输入"成绩表.课程名称",设置"初始值"为"0","重置"位置为分组表达式"成绩表.课程名称",选中"报表输

出后释放"复选框,选择"计数"计算方式。

③ 在组注脚 1 中添加域控件,报表表达式如下:

成绩表 . 课程名称 + str(aa,2) + "人"

④ 单击"确定"按钮,完成变量设置。

📖 **提示：**

选中"报表输出后释放"复选框,在报表打印完成后将从内存中释放该变量。如果未选中此项,报表运行后不释放变量。

8.4 标 签

8.4.1 建立标签

在日常工作和学习中经常会接触和应用到标签。标签可以起到提示、记录、说明等重要作用。在 Visual FoxPro 中,可以使用"标签设计器"来创建或修改标签。"标签设计器"是"报表设计器"的一部分,它们使用相同的菜单和工具栏。创建标签的过程与创建报表的过程类似。操作步骤如下:

① 选择"文件"→"新建"命令,打开"新建"对话框,选择"标签"项,单击"新建文件"按钮,打开"标签设计器"窗口,如图 8-32 所示。

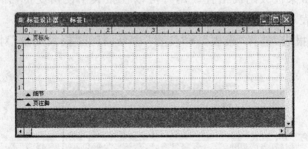

图 8-32 "标签设计器"窗口

② 在"标签设计器"窗口中右击,在弹出的快捷菜单中选择"数据环境"命令,打开"数据环境设计器"窗口。如果此时尚未打开表,则可右击并从弹出的快捷菜单中选择"添加"命令,打开"添加表或视图"对话框,加入所需的数据库表。

③ 选择所需的字段并放在"细节"带区的相应位置上,利用"报表控件"工具栏为标签加上适当的标题和图形。例如,使用矩形控件可以在"细节"带区添加一个包括其他控件的矩形框,这样在打印或显示时每个标签都有矩形分割框分隔。

8.4.2 输出标签

在设计时预览或打印标签的操作与报表相同。

（1）在程序或命令窗口中打印标签

格式：

LABEL FORM〈标签文件名〉[范围][FOR〈条件表达式〉][WHILE〈条件表达式〉][TO PRINTER]

（2）在程序或命令窗口中预览标签

格式：

LABEL FORM〈标签文件名〉[范围][FOR〈条件表达式〉][WHILE〈条件表达式〉][PREVIEW]

小　结

本章介绍了报表和标签的建立和使用方法，它们都可以通过向导或相应的设计器建立。虽然报表和标签设计的主要内容是布局设计，但是不要忽视了数据环境的设置，因为数据环境为报表和标签提供了数据源。主要内容如下：

（1）使用"报表向导"、"报表设计器"、"快捷报表"3种方法创建报表。

（2）报表的设计方法。

（3）标签的创建方法。

练　习　题

选择题

1. 报表布局文件的扩展名是（　　　）。

　　A. . frx 　　　　　　B. . pjx 　　　　　　C. . ncx 　　　　　　D. . dbf

2. 创建报表最快捷的方式是使用（　　　）。

　　A. 报表设计器 　　　B. 快速报表 　　　　C. 报表向导 　　　　D. 报表生成器

3. 在"快速报表"对话框中，不包含（　　　）复选框。

　　A. 字段 　　　　　　B. 标签 　　　　　　C. 矩形 　　　　　　D. 圆角矩形

4. 使用（　　　）可以决定报表的每页、分组及开始和结尾的样式。

　　A. 域控件 　　　　　B. 标签 　　　　　　C. 报表带区 　　　　D. 标签控件

5. 在"数据分组"对话框中，不包含（　　　）复选框。

　　A. 小于右值时组从新的一页上开始

　　B. 每组从新的一列上开始

　　C. 每组的页号重新从1开始

　　D. 每页都打印组标头

填空题

1. 报表包含两个基本组成部分，即（　　　）和（　　　）。

2. 与查询和视图一样，在设计报表时，用户也可以向报表中添加（　　　）或（　　　）。

3. 标签控件是希望出现在报表中的（　　　）。

4.（　　　）可以在报表或标签布局中代表字段值、内存变量值或是计算值。

第9章
数据库应用程序的开发

在前面各章介绍了查询、表单、菜单、工具栏、报表和标签等内容，本章将集中介绍开发数据库应用程序的方法和一般步骤，以及如何把设计好的数据库、表单、报表、菜单等分离的应用系统组件在项目管理器中连编成一个完整的应用程序。

9.1 数据库应用程序的开发过程

9.1.1 数据库应用程序的开发步骤

按照软件工程的方法，数据库应用程序的开发过程包括可行性分析、需求分析、数据设计、应用程序设计、系统测试、系统维护等几个阶段。

1. 可行性分析

在可行性分析阶段，要确定开发应用系统的总体目标，给出它的功能、性能、可靠性以及数据接口方面的设想；研究完成系统开发的可行性分析，探讨技术关键和解决问题的技术路线，对可供使用的资源、成本、可取得的效益和开发进度做出估计，制订完成任务的实施计划。

2. 需求分析

需求分析包括数据分析和功能分析，这一阶段的主要任务如下：

（1）确认用户需求、确定设计范围。了解用户单位的组织机构、经营方针、管理模式、各部门的职责范围和主要业务活动等情况。明确系统处理的范围和功能。

（2）收集和分析需求数据。对收集到的资料进行加工、抽取、归并和分析，采用一定的方法建立数据流程图、数据字典等设计文档。

（3）建立需求说明书。对所开发的系统进行全面的描述，包括任务的目标、具体需求说明、系统功能结构、性能、运行环境和系统配置等。

3. 数据设计

需求分析结束后，就可以进行数据设计，一般先进行概念设计，然后再做逻辑设计。

概念设计独立于具体的计算机系统,把需求分析所得到的数据转化为相应的实体模型。

4. 应用程序设计

开发数据库应用系统中的应用程序一般可按照总体设计、模块设计、编码、调试4个步骤进行。在总体设计中,可采用层次图的方法,按功能要求,自顶向下划分若干子系统,子系统再分为若干功能模块。划分模块时应注意遵守"模块的独立性"原则,尽可能使每一模块完成一项独立的功能。编码就是要将功能模块转换成计算机可以执行的程序代码,即用某种程序设计语言(如 Visual FoxPro)编写源程序。

5. 系统测试

应用程序设计完成之后,应对系统进行测试,以检验系统各个组成部分的正确性,这也是保证系统质量的重要手段。首先,加载数据,进行单元测试,检查模块在功能和结构方面的问题;其次,要做综合测试,将已测试过的模块组装起来进行联调;最后,按总体设计的要求,逐项进行有效性检查,检验已开发的系统是否合格,能否交付使用。

6. 系统维护

在系统投入正式运行之后,就进入了维护阶段,由于多方面原因,系统在运行中可能会出现一些错误,需要及时跟踪修改。另外,由于外部环境或用户需求的变化,也可能要对系统进行必要的修改。

9.1.2 构建应用程序框架

一个典型的数据库应用程序一般由数据结构、用户界面、查询选项和报表等组成。要开发一个完整的应用程序,首先要构造应用程序框架,仔细考虑每个组件将提供的功能以及与其他组件之间的关系。

一个好的 Visual FoxPro 应用程序一般应该为用户提供菜单,提供一个或多个表单作为用户交互操作的界面(提供数据输入、输出、编辑等功能),添加某些事件响应代码,提供特定的功能,保证数据的完整性和安全性等。同时还需要提供满足用户要求的查询方式和报表输出功能。一般来讲,Visual FoxPro 应用程序的开发应考虑以下内容。

1. 合理组织应用程序文件

一个完整的应用程序应该包含数据库、数据表、表单、菜单等许多文件,在使用 Visual FoxPro 创建项目时,默认将所有的文件放在 Visual FoxPro 的系统目录下,这样会给以后程序的修改、维护工作带来很大的不便。因此,需要建立一个层次清晰的目录结构,将各种不同的文件分类存放。一个典型的应用程序目录结构如图9-1所示。

图 9-1 典型的应用
程序目录结构

📖 **提示:**

将各类文件分类存放是编写应用程序时的一个较好的编程习惯,应该在程序设计的过程中加以培养。

2. 设置应用程序起始点

将各个组件连接在一起,然后使用主文件为应用程序设置一个起始点,由主文件调用应用程序中的其他组件。任何应用程序必须包含一个主文件。主文件可以是程序文件,也可以是一个将主程序的功能和初始的用户界面集成在一起的表单文件。操作步骤如下:

在"项目管理器"窗口中,选择要设置为主文件的文件。单击右键,在弹出的快捷菜单中选择"设置主文件"命令,如图 9-2 所示。

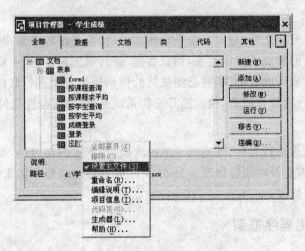

图 9-2 在"项目管理器"中设置主文件

📖 **提示:**

项目中仅有一个文件可以设置为主文件。在"项目管理器"中主文件用黑体字表示。

---

3. 初始化设置

主文件或者主应用程序对象必须做的第一件事情就是对应用程序的环境进行初始化设置。在打开 Visual FoxPro 时,默认的 Visual FoxPro 开发环境将建立 SET 命令和系统变量的值。但是,对应用程序来说,这些值并非最合适。在应用程序中通常需要对环境进行必要的设置,以满足应用程序对环境的需求。初始化环境的理想方法是将初始的环境设置保存起来,并在启动代码中为程序建立特定的环境设置。

初始的用户界面也需要初始化设置。初始的用户界面可以是个菜单,也可以是一个表单或其他的用户组件。通常,在显示已打开的菜单或表单之前,应用程序会出现一个启动屏幕或"注册"对话框,要求用户输入正确的登录信息才允许进入系统。在主程序中,如果信息正确,则初始化用户界面,否则显示相关信息并退出系统。

4. 控制事件循环

应用程序的环境建立之后,将显示出初始的用户界面,面向对象机制需要建立一个事件循环来等待用户的交互动作。控制事件循环的方法是执行如下命令。

格式：

READ EVENTS

功能：开始事件循环，等待用户操作。

> 📖 **提示：**
>
> 仅 . exe 应用程序需要建立事件循环，在开发环境中运行应用程序不必使用该命令。

创建了事件循环后，应用程序必须提供一种方法来结束事件循环。否则，将无法退出 Visual FoxPro 系统，结束事件循环的方法是执如下命令。

格式：

CLEAR EVENTS

功能：结束事件循环。

从执行 READ EVENTS 命令开始，到相应的 CLEAR EVENTS 命令结束期间，主文件中所有的处理过程将全部挂起，因此，在主文件中正确放置 READ EVENTS 命令十分重要。

> 🔊 **注意：**
>
> 在启动事件循环之前，需要建立一个方法来退出事件循环。必须确认在界面中存在一个可执行的 CLEAR EVENTS 命令（如一个"退出"按钮或者菜单命令。）

5. 退出应用程序时，恢复原始开发环境

应用程序结束后，恢复开发环境的初始值，这是一个好的应用程序应该完成的环节。由于在前面已经保存了开发环境的初始值，使得恢复起来比较方便，只需要使用前面保存的值对环境重新设置一次即可。

9.1.3　连编项目

项目文件的扩展名是 . pix。当应用程序中的各个模块调试成功以后，就可以对整个项目进行联合调试并编译了，这项工作在 Visual FoxPro 中称为连编项目。

1. 设置项目文件的"包含"与"排除"属性

"包含"的文件是指包含在项目中的文件，即在应用程序的运行过程中不需要更新，一般不会再变动的文件，主要指程序、图形、表单、菜单、报表、查询等。

"排除"是指已添加在"项目管理器"窗口中，但又在使用状态上被排除的文件。通常，允许在程序运行过程中随意地更新它们，如数据库表。对于在程序运行过程中可以更新和修改的文件，需要将它们修改成"排除"状态。项目中被排除的文件左侧有一个排除符号"⊘"。

一般情况下将程序、表单、报表、菜单、查询等文件在项目中设置为"包含"，而将数据库文件设置为"排除"。但可以根据需要设置任意文件的"包含"与"排除"。将文件设置为"包含"或"排除"的方法有两种：

（1）在项目管理器中，选择要设置为"包含"或"排除"的文件，单击鼠标右键，在弹出的快捷菜单中，选择"包含/排除"命令。

（2）在主菜单上选择"项目"→"包含"或"排除"项。

> **⟐ 注意：**
>
> 设置为主文件的文件不能"排除"，被"排除"的文件也不能设置为主文件。

2. 设置主程序文件

主文件是项目管理器的主控程序，是整个应用程序的起点。主文件的任务是初始化环境、显示初始的用户界面、控制事件循环，当退出应用程序时，恢复原始的开发环境等。

当用户运行应用程序时，首先启动主文件，然后由主文件调用所需要的各应用程序模块及其他组件。所有应用程序都必须包含一个主文件，一般主文件名为 main. prg。

在 Visual FoxPro 中，程序文件、菜单程序、表单或查询都可以作为主文件。由于一个应用系统只有一个起点，系统的主文件是唯一的，当重新设置主文件时，原来的设置便自动解除。设置主程序文件的方法有两种：

（1）在项目管理器中选中要设置的主程序文件，选择"项目"→"设置主文件"可以将其设置为主文件。设置完毕，主文件将被自动设置为"包含"。

（2）在"项目信息"对话框的"文件"选项卡中选中要设置的主程序文件，然后右击鼠标，在弹出的快捷菜单中选择"设置主文件"命令。

> **📖 提示：**
>
> 设置为"包含"的文件才能激活快捷菜单。

3. 连编项目

连编项目的目的是让 Visual FoxPro 系统对项目的整体性进行测试。连编以后，除了被设置为"排除"的文件，项目包括的其他文件将合成一个应用程序文件。连编项目方法有两种：

（1）利用项目管理器连编项目

① 选中要设置的主程序文件，单击"连编"按钮，打开"连编选项"对话框，如图 9-3 所示。

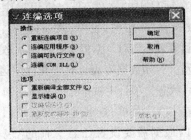

图 9-3　"连编选项"对话框

② 选择"重新连编项目"项,并根据需要选择"显示错误"和"重新编译全部文件"项,单击"确定"按钮,完成对项目的连编测试工作。

(2)使用命令连编项目

格式:

BUILD PROJECT 项目名称

4. 连编应用程序

如果程序运行正确,就可以最终连编成一个应用程序文件,该应用程序文件包括项目中所有被"包含"的文件,连编应用程序的方法有两种:

(1)利用选项连编应用程序

选择图 9 - 3 所示对话框中的"连编应用程序"或"连编可执行文件"项,单击"确定"按钮,可以将项目连编成应用程序文件(. app)或可执行文件(. exe)。

(2)使用命令连编应用程序

格式 1:

BUILD APP 应用程序文件名 FROM 项目文件名

格式 2:

BUILD 可执行文件名 FROM 项目文件名

5. 运行应用程序

当为项目建立一个最终的应用程序文件之后,用户就可运行它了。运行方法有两种:

(1)运行应用程序文件(. app)

① 选择"程序"→"运行"命令,打开"运行"对话框,选择要执行的 . app 文件。

② 在"命令"窗口中输入命令:

DO〈主文件名〉

③ 在资源管理器中双击 . app 文件的图标。

(2)运行可执行文件(. exe)

产生的 . exe 文件既可以像应用程序文件一样运行,也可以在 Windows 中执行,而不需要启动 Visual FoxPro。

9.2   发布应用程序

在完成应用程序的开发和测试工作之后,可用"安装向导"为应用程序创建安装程序和发布磁盘,即发布应用程序。所谓发布应用程序,是指制作一套安装盘提供给用户,使其能安装到其他计算上使用。

9.2.1   准备工作

在可以发布应用程序之前,必须连编一个以 . app 为扩展名的应用程序文件,或者一个.exe 为扩展名的可执行文件。下面以"学生成绩系统"应用程序为例介绍事先必须进行的准备工作。

创建发布（发布树）目录，把应用程序文件从项目中复制到发布目录的适当位置。操作步骤如下：

（1）建立目录，此目录默认与在用户计算机上安装的目录同名。例如，在 D 盘上建立一个"D:\学生成绩系统\"目录作为系统的发布目录。

（2）将应用程序所需要安装到用户计算机上的文件复制到此发布目录中。

> 📖 **提示：**
>
> 在制作发布盘之前，可以利用发布目录模拟运行环境，测试应用程序，当一切正常后，就可以利用安装向导制作发布盘。

9.2.2 制作发布盘

"安装向导"可为应用程序制作发布磁盘。利用"安装向导"压缩发布目录中的文件，并把这些压缩过的文件复制到磁盘映射目录，每个磁盘放置在一个独立的子目录中。操作步骤如下：

（1）定位文件。选择"工具"→"向导"→"安装"命令，进入"定位文件"步骤，指定发布目录，选择已建立的发布目录"D:\学生成绩系统\"，安装向导使用这个目录作为压缩到磁盘映像目录中的文件源，如图 9-4 所示。

（2）指定组件。单击"下一步"按钮，打开如图 9-5 所示的对话框，指定应用程序需要使用的或支持的可选组件，如图 9-5 所示。图中选择了"Visual FoxPro 运行时刻组件"，安装向导会自动包含运行时所必需的系统文件。

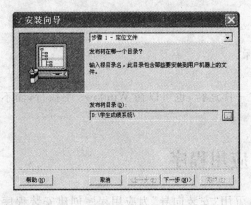

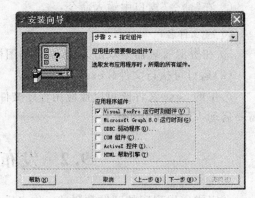

图 9-4 定位文件　　　　　　　　　　　图 9-5 指定组件

（3）磁盘映像。单击"下一步"按钮，打开如图 9-6 所示的对话框。指定磁盘映像目录的安装盘类型，安装磁盘类型有 3 种。

① 1.44MB 3.5 英寸："安装向导"将在指定的磁盘映像目录下创建 3.5 英寸的映像文件，其中"SETUP.exe"文件放在"DISK1"中。

② Web 安装（压缩）："安装向导"将创建一个压缩的安装文件，可以通过 Web 站点下载后进行安装。

③ 网络安装（非压缩）："安装向导"将创建一个单独的目录，目录中包含所需要的全部文件。

在"磁盘映像目录"文本框中选择已建立的目录"D:\学生成绩系统\"，选择"1.44MB 3.5 英寸"项。

（4）安装选项。单击"下一步"按钮，进入"安装选项"步骤，在"安装对话框标题"文本框中输入"学生成绩管理系统安装程序"，在"版本信息"文本框中输入"V1.0"，在"执行程序"文本框中输入的是用户安装完应用程序后运行的程序文件名，如图 9－7 所示。

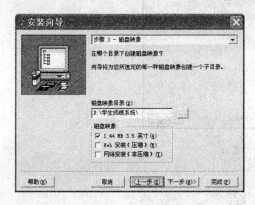

图 9－6　磁盘映像

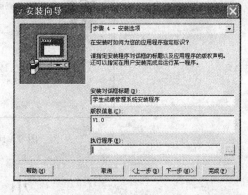

图 9－7　安装选项

（5）默认目标目录。单击"下一步"按钮，进入"默认目标目录"步骤。"默认目标目录"文本框中的目录名指定安装程序将把应用程序放置在哪个默认目标目录下；在"程序组"文本框中指定一个程序组，当用户安装应用程序时，安装程序将为应用程序创建这个程序组，并使这个应用程序出现在"开始"菜单上。如果允许用户在安装应用程序的过程中修改"默认目标目录"和"程序组"，则选择"用户可以修改"下的"目录与程序组"项，如图 9－8 所示。

（6）改变文件设置。单击"下一步"按钮，进入"改变文件设置"步骤，通过单击下部表中想要修改的项目，对其文件名、文件的目标目录、程序管理器和 ActiveX 选项进行修改，如图 9－9 所示。

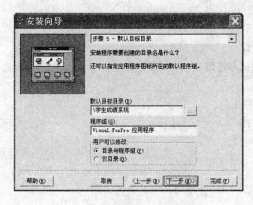

图 9－8　默认目标目录

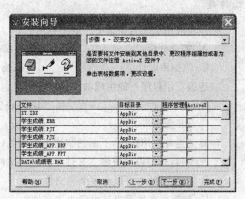

图 9－9　改变文件设置

(7)完成。单击"下一步"按钮,打开如图9-10所示的对话框,单击"完成"按钮,即开始创建应用程序的"安装向导"。

安装盘制作完成后,磁盘映像文件存放在"D:\学生成绩系统\"目录下,在此目录下有一个"DISK144"目录,它里面有3个子目录,分别是"DISK1"、"DISK2"、"DISK3",其中应用程序的安装程序放在"DISK1"目录下,当在用户计算机上运行"DISK1"中的"SETUP.exe"程序时,即开始应用程序的安装过程。

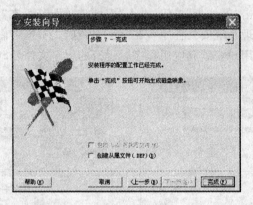

图 9-10 完成

小 结

本章介绍了应用程序开发的一般步骤、连编项目的方法及应用程序的发布过程,主要内容如下:

(1)开发应用程序的基本步骤。

(2)建立应用程序时需考虑的主要任务。

(3)连编和发布应用程序的一般过程。

练 习 题

选择题

1. 开发应用系统的步骤中一般不包括( )。
   A. 需求分析　　　　　　　　B. 详细设计
   C. 数据库设计　　　　　　　D. 系统调试和连编

2. 连编应用程序不能生成的文件是( )。
   A. .app 文件　　　　　　　　B. .exe 文件
   C. .dll 文件　　　　　　　　D. .prg 文件

3. 有关连编应用程序,下面的叙述正确的是( )。
   A. 项目连编以后应将主文件视为只读文件
   B. 一个项目中可以有多个主文件
   C. 数据库文件可以被设置为主文件
   D. 在项目管理器中文件名左侧带有符号"⊘"的文件在项目连编以后是只读文件

4. 如果项目中的一个数据库表设置为"包含"状态,连编成应用程序后,该数据库表(　　)。

    A. 运行时可以修改　　　　　　　B. 成为一个自由表

    C. 运行时不可以修改　　　　　　D. 被设置为只读

5. 下列叙述中错误的是(　　)。

    A. 新添加的数据库文件被设置为"排除"

    B. 不能将数据库文件设置为"包含"

    C. 在项目管理器中设置为"排除"的文件名左侧有符号"⊘"

    D. 被指定为主文件的文件不能设置为"排除"应用程序

填空题

1. 在 Visual FoxPro 中项目文件的扩展名是(　　)。

2. 在 Visual FoxPro 中,BUILD(　　)命令连编生成的程序可以脱离开 Visual FoxPro 在 Windows 环境下运行。

3. 如果应用程序连编后某个文件还允许修改,则应将该文件设置为(　　)。

简答题

1. 为什么要对项目文件进行连编? 连编后生成的应用程序和可执行文件如何运行?

2. 什么是应用程序的发布?

3. 简述制作安装盘的过程。

第 10 章
Visual FoxPro 与其他应用程序的数据共享

作为一个数据库管理软件，Visual FoxPro 不仅具有管理其自身数据的能力，还具有与其他应用程序进行交互的功能。可以在应用程序间实现数据的导入和导出，也可以通过移动、复制和粘贴数据来实现与其他应用程序间的数据共享。这样既可以提高数据处理的效率，也可以减少错误的产生。

10.1 数据导入

导入数据的过程是从源文件复制数据，再创建新表，并用源文件的数据填充新表。导入完成后，就可以像其他任意 Visual FoxPro 表一样使用。导入文件时，必须选择要导入的文件类型并指定源文件和目标表的名称。如果希望自己定义结构，可以在原应用程序中修改文件或者使用"导入向导"来实现。

10.1.1 导入文件的类型

可导入 Visual FoxPro 的常用文件类型如表 10-1 所示。

表 10-1 可导入 Visual FoxPro 的常用文件类型

文件类型	扩展名	说　明
文本文件	. txt	用制表符、逗号或空格来分隔每个字段的文本文件
Microsoft Office Excel	. xls	Microsoft Office Excel 的电子表格格式，列单元转换成字段，行单元转换成记录
Lotus 1-2-3	. wks	Lotus 1-2-3 的电子表格格式，列单元转换成字段，行单元转换成记录
	. wkl	

如果导入的文件是 Visual FoxPro 早期版本或者 dBASE 文件中的表，则不用导入就可以打开并使用。Visual FoxPro 将询问是否把表转换为 Visual FoxPro 6.0 格式。

> 📖 **提示：**
>
> 表经过版本转换后，不能再用以前的版本打开。

10.1.2 导入数据

向 Visual FoxPro 系统中导入数据有如下两种方法。

1. 使用"导入向导"导入数据

"导入向导"对话框可以给出导入数据的操作提示，用户根据提示进行相应设置即可导入文件，而且用户可以修改新表的结构。操作步骤如下：

（1）选择"文件"→"导入"命令，打开"导入"对话框，如图 10-1 所示。

（2）单击"导入向导"按钮，打开"导入向导"对话框，如图 10-2 所示。

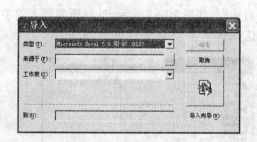

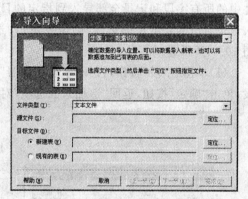

图 10-1 "导入"对话框 　　　　　　　图 10-2 "导入向导"对话框

（3）根据"导入向导"的提示，完成输入和选择工作。

2. 使用"导入"对话框直接导入数据

"导入"对话框可以从表或电子表格中导入数据，并用源文件的结构定义新表。操作步骤如下：

（1）选择"文件"→"导入"命令，打开"导入"对话框，见图 10-1。

（2）在"类型"列表框中选择要导入的文件类型。

（3）在"来源于"文本框中输入源文件名，或单击其右侧的 按钮，在"打开"对话框中，选择源文件，单击"确定"按钮。

10.1.3 追加数据

除使用"导入向导"将要导入的数据追加到现有的 Visual FoxPro 表中之外，还可以使用"追加来源"对话框追加数据。操作步骤如下：

（1）选择"文件"→"打开"命令，弹出"打开"对话框，在"打开"对话框中选择要打开的文件名，单击"确定"按钮。

（2）选择"显示"→"浏览"命令，在浏览窗口打开表文件。

（3）选择"表"→"追加记录"命令，打开"追加来源"对话框，如图 10-3 所示。

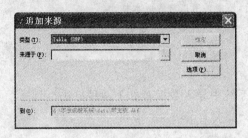

图 10-3 "追加来源"对话框

　　（4）在"类型"列表框中选择要追加的文件类型，单击"来源于"文本框右侧 ▭ 按钮，在弹出的"打开"对话框中输入或选择追加来源的文件名。单击"确定"按钮，将选中的源文件中的所有字段和记录全部导入到指定的目标文件中。若想指定导入哪些字段、设置导入记录时所需要满足的条件，则需要单击"选项"按钮，打开"追加来源选项"对话框，如图 10-4 所示。

　　（5）单击"字段"按钮，打开"字段选择器"对话框，如图 10-5 所示，选择所需导入的字段，单击"确定"按钮，返回"追加来源选项"对话框。

图 10-4 "追加来源选项"对话框

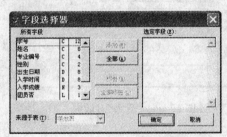

图 10-5 "字段选择器"对话框

　　（6）单击"For"按钮，打开"表达式生成器"对话框，如图 10-6 所示，在"表达式生成器"对话框中输入所需的表达式，单击"确定"按钮，返回"追加来源选项"对话框。

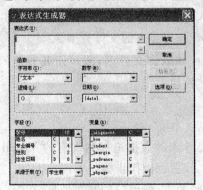

图 10-6 "表达式生成器"对话框

(7)单击"确定"按钮,完成数据的追加。

10.2　数据导出

导出数据时,可以把数据从 Visual FoxPro 表导出到文本文件、电子表格或者其他应用程序使用的表中。导出过程需要源表以及目标文件的类型和名称。如有必要,还可以对导出哪些字段和记录进行选择。可以在任何支持所选文件类型的应用程序中使用生成的文件。

10.2.1　导出文件的类型

可导出 Visual FoxPro 的常用文件类型如表 10 - 2 所示。

表 10 - 2　可导出 Visual FoxPro 的常用文件类型

文件类型	扩展名	说　明
文本文件	.txt	用制表符、逗号或空格来分隔每个字段的文本文件
表文件	.dbf	Visual FoxPro 3.0、FoxBASE＋或 dBASEⅣ表
Microsoft Office Excel	.xls	Microsoft Office Excel 的电子表格格式,列单元转换成字段,行单元转换成记录
System Data Format	.sdf	有定长记录且记录以回车符或换行符结束的文本文件
Lotus 1 - 2 - 3	.wks	Lotus 1 - 2 - 3 的电子表格格式,列单元转换成字段,行单元转换
	.wkl	成记录

10.2.2　导出数据

在导出数据时,可以把所有的字段和记录从 Visual FoxPro 表中复制到一个新文件中,也可以仅复制选定的字段和记录。操作步骤如下:

(1)选择"文件"→"导出"命令,打开"导出"对话框,如图 10 - 7 所示。

(2)在"类型"列表框中选择要导出的文件类型。

(3)在"来源于"文本框中输入目标文件名,或单击其右侧的 按钮,在"另存为"对话框中,选择要导出的表文件名。

(4)在"到"文本框中输入目标文件名,或单击其右侧的 按钮,在"另存为"对话框中,选择导出后表文件所在的磁盘位置。

(5)单击"确定"按钮,将选中表文件中的所有字段和记录全部导出到指定的目标文件中。若想指定导入哪些字段、设置导出记录的作用范围以及设置导出记录时所需要满足的条件,则需要单击"选项"按钮,打开"导出选项"对话框,如图 10 - 8 所示。

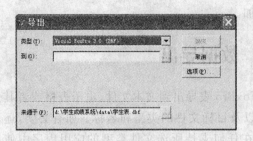
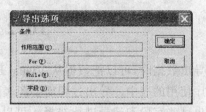

图 10-7 "导出"对话框　　　　图 10-8 "导出选项"对话框

　　(6)单击"作用范围"按钮,弹出"作用范围"对话框,如图 10-9 所示。在"作用范围"对话框中选择适当的范围选项,单击"确定"按钮,返回"导出选项"对话框。

　　(7)单击"字段"按钮,打开"字段选择器"对话框,见图 10-5。选择所需导出的字段,单击"确定"按钮,返回"导出选项"对话框。

　　(8)单击"For"或"While"按钮,打开"表达式生成器"对话框,见图 10-6。在"表达式生成器"对话框中输入所需的表达式,单击"确定"按钮,返回"导出选项"对话框。单击"确定"按钮,则将指定范围内满足条件的记录导出到指定类型的文件中。

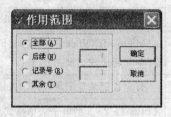

图 10-9 "作用范围"对话框

> 📖 **提示:**
> 数据的导入与导出允许用户复制和使用数据,但不允许用户连接和共享数据。

10.3　数据共享

　　在网络环境下,可以通过建立远程视图的方式对远程服务器中的数据实现数据共享。通过远程视图,可以直接在远程数据库 ODBC(Open Database Connectivity,开放数据库互联)服务器上抽取数据,而无须将所有记录下载到本地计算机上;然后在本地计算机上操作这些选定的记录,并将对记录的更改或添加的值返回到远程数据源中,从而完成对远程数据源的更新。

10.3.1　建立数据源和连接

　　为了创建远程视图,首先必须建立与远程数据源的连接。远程数据源一般是 ODBC 服务器,它是一个标注的数据库接口,以一个动态连接库(DLL)方式提供,为了定义

ODBC 数据源必须安装 ODBC 驱动程序,一般在安装 Visual FoxPro 时,选择"完全安装"或者"自定义安装"选项,就可以把 ODBC 驱动程序安装到系统中。

创建 ODBC 数据源的方法有两种,一种是利用 Visual FoxPro 中文版提供的"连接设计器"中的"新建数据源"创建;另一种是利用在 Windows 系统的"控制面板"中启动"ODBC 数据源(32 位)"应用程序来创建。在此只介绍第一种方法,操作步骤如下。

(1)在"项目管理器"→"数据"选项卡中选择一个数据库。

(2)选择"文件"→"新建"命令,选择"连接"项,单击"新建文件"按钮,打开"连接设计器 连接 1"对话框,如图 10-10 所示。各部分项目功能如下。

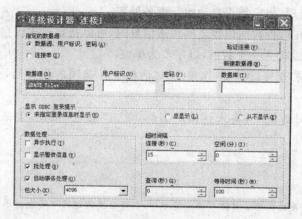

图 10-10 "连接设计器 连接 1"对话框

① 数据源:允许从已安装的 ODBC 数据源列表中选择一个数据源。

② 用户标识:如果数据源需要用户名称或标志,允许键入。

③ 密码:如果数据源需要密码,允许键入密码。

④ 数据库:可以选择一个数据库作为所选数据源连接的目标。

⑤ 验证连接:可以对那些刚输入了内容的连接进行检查。如果连接成功,则显示如图 10-11 所示的消息框;如果连接失败,则出现错误信息。

⑥ 新建数据源:显示如图 10-12 所示的"ODBC 数据源管理器"对话框。可以在此添加、删除或配置数据源。

图 10-11 "连接"成功消息框　　　　图 10-12 "ODBC 数据源管理器"对话框

⑦ 未指定登录信息时显示：如果在命名连接定义中未存储用户账户和密码，则 Visual FoxPro 用"数据源登录"对话框提示用户。

⑧ 总显示：Visual FoxPro 总是显示"数据源登录"对话框，允许用户在命名连接中用不同的注册账号和密码连接数据源。

⑨ 从不显示：Visual FoxPro 从不提示用户，此选项确保更高的安全性。

⑩ 异步执行：指定是否异步连接。

⑪ 显示警告信息：指定是否显示不可捕获警告。

⑫ 批处理：指定是否以批处理方式进行连接操作。

⑬ 自动事务处理：指定是否自动执行事务处理。

⑭ 包大小：当在远程数据位置之间传送信息时，可以指定传送信息网络包的大小，在下拉列表框中选择或键入一个数值，以字节为单位。

（3）用户在完成"连接设计器 连接 1"对话框中各选项的设置后，选择"文件"→"保存"命令。

（4）在"保存"对话框中，输入连接的名称，单击"确定"按钮，完成 ODBC 数据源的创建。

> 📖 **提示：**
>
> 创建连接后，连接就成了数据库的一部分，在创建连接的过程中不会使用任何网络资源，当使用命名连接在内的远程视图时，才会激活该连接。

10.3.2 建立远程视图

远程视图与本地视图的区别在于所使用的数据源不同，本地视图使用 Visual FoxPro 数据库或 .dbf 表中的数据，而远程视图则使用远程 SQL 语法从远程 ODBC 数据源中选取数据。

建立远程视图有 3 种方法：利用视图设计器、利用远程视图向导和通过命令直接创建远程视图。利用视图设计器或远程视图向导建立远程视图的方法同建立本地视图的方法基本相同，只是在数据源的选取上有所不同。

1. 利用视图设计器建立远程视图

操作步骤如下：

（1）在项目管理器中，选择"文件"→"新建"命令，选择"远程视图"项，单击"新建文件"按钮，打开"选择连接或数据源"对话框，如图 10 - 13 所示。

（2）若使用一个已定义并保存的连接来创建远程视图，则选中"连接"项，弹出"打开"对话框，如图 10 - 14 所示，选择相应的数据表，单击"添加"按钮，打开"视图设计器"对话框，如

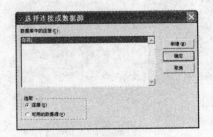

图 10 - 13 "选择连接或数据源"对话框

图 10-15 所示。选择"更新条件"项,可以把远程数据的修改(更新、插入、删除等)反映到远程数据中。其他部分设置方法与本地视图方法相同,此处不再具体介绍。

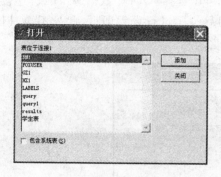

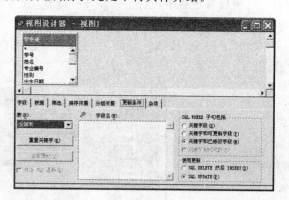

图 10-14 "打开"对话框   图 10-15 "视图设计器"对话框

　　(3)若使用一个数据源来创建远程视图,则选中"可用的数据源"项。在"选择连接或数据源"对话框中选定一个数据源"Excel Files",如图 10-16 所示。单击"确定"按钮,打开"选择工作簿"对话框,如图 10-17 所示。单击"确定"按钮,弹出"打开"对话框,选择"包含系统表"项,如图 10-18 所示。单击"添加"按钮,打开"视图设计器"对话框,见图 10-15。后面的步骤同(2)。

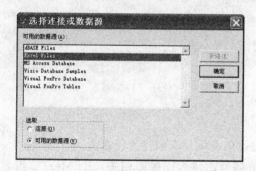

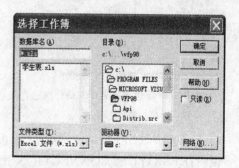

图 10-16 "选择连接或数据源"对话框   图 10-17 "选择工作簿"对话框

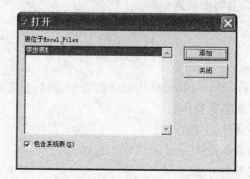

图 10-18 "打开"对话框

2. 利用远程视图向导建立远程视图

在项目管理器中,选择"文件"→"新建"命令,选择"远程视图"项,单击"向导"按钮,打开"远程视图向导"对话框,如图 10 - 19 所示。可以选择"ODBC 数据源"项或"连接"项,单击"下一步"按钮。后面的操作只需按照向导提示进行设置即可,此处不再具体介绍。

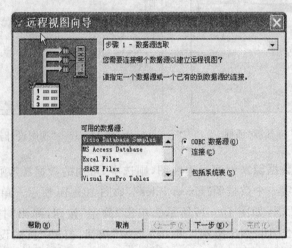

图 10 - 19   "远程视图向导"对话框

3. 使用命令创建远程视图

格式:

CREATE SQL VIEW〈视图名〉[REMOTE]

[CONNECTION〈新建连接名〉[SHARE]|〈已连接数据源名〉]

[AS SELECT - SQL 命令]

功能:按照 AS SELECT - SQL 命令中提出的查询要求创建远程视图。

说明:REMOTE 和 CONNECTION 选项都与创建远程视图相关。REMOTE 指定要创建远程视图,如省略 REMOTE,可用本地表创建视图。CONNECTION 子句创建一个新的连接或指定一个已有的连接数据源。

小 结

本章介绍了 Visual FoxPro 与其他应用程序的数据共享,主要内容如下:

(1)导入或追加数据的基本操作。

(2)导出数据的基本操作。

(3)建立数据连接的基本操作。

(4)创建远程视图的基本方法。

练 习 题

选择题

1. 导入数据的过程是先从源文件中( )数据。
   A. 写入　　　　　　　　　B. 复制
   C. 剪切　　　　　　　　　D. 收集

2. 导出数据时,需要指出作用范围时,记录为( )记录。
   A. 分散　　　　　　　　　B. 任何
   C. 连续　　　　　　　　　D. 多个

填空题

1. 导入数据是指( )。

2. 在导入数据之前,必须先确定( )。

3. 导出数据是指( )。

4. 导入数据的两种方法是( )和( )。

简答题

1. 简述可以导入 Visual FoxPro 6.0 的常用文件类型。

2. 简述导入数据和导出数据的区别。

3. 简述创建数据连接的操作步骤。

4. 简述创建远程视图的操作步骤。

附录一　Visual FoxPro 的主要命令

Visual FoxPro 中包含大量的命令和函数,本附录中仅列出较常见的命令。其他信息读者可查看 MSDN 的有关帮助信息。

命　令	功　能
&	执行宏代换
*	注释语句,表明程序中注释行的开始
\或\\	显示文本行
?	计算表达式的值,并换行显示结果
??	计算表达式的值,并在当前位置显示结果
ACCEPT	从键盘接受字符串数据
ACTIVATE POPUP	显示并激活一个菜单
ACTIVATE WINDOW	显示并激活一个或多个窗口
ACTIVATE SCREEN	将随后的输出都送到屏幕
APPEND	向一个数据表文件尾部追加记录
APPEND FORM	从另一个文件中添加记录到数据表文件末尾
APPEND FORM ARRAY	将数组作为记录添加到当前表中
APPEND GENERAL	将 OLE 对象输入到一个通用型字段中
APPEND MEMO	将一个文本文件的内容拷贝到一个备注型字段中
AVERAGE	计算数值表达式值或数值型字段的算术平均值
BROWSE	打开浏览窗口
BUILD APP	创建以 .app 为扩展名的应用程序
BUILD DLL	创建一个动态连接库
BUILD EXE	创建一个可执行文件(.exe 文件)
BUILD PROJECT	创建并连编一个项目文件
CALCULATE	集合计算函数,后可带多个函数
CALL	执行由 LOAD 调入内存的二进制文件、外部命令或外部函数
CANCEL	取消执行当前程序
CHANGE	显示要编辑的字段
CLEAR	清除屏幕

（续表）

命　令	功　能
CLOSE ALL	关闭所有工作区中的所有文件,并选择 1 号工作区为当前工作区
CLOSE TABLES	关闭打开的表
CLOSE INDEX	关闭所选择工作区中所有打开的索引文件
COMPILE	编译一个或多个程序文件,并为每个源文件建立目标文件
CONTINUE	与 LOCATE 等查询命令连用,继续查询记录
COPY FILE	复制任意类型的文件
COPY INDEXES	由单项索引文件创建复合索引标记
COPY MEMO	将当前记录备注型字段的内容拷贝到一个文本文件中
COPY STRUCTURE	创建一个同当前表具有相同结构的空表
COPY STRUCTURE EXTENDED	将当前表的结构复制到新表中,作为新表的记录
COPY TAG	根据复合索引文件的一个标识创建一个单索引文件
COPY TO	复制当前数据表文件,建立一个新文件
COPY TO ARRAY	将当前表中的数据复制到一个数组中
COUNT	统计表的记录数
CREATE	创建一个新的 .dbf 表文件
CREATE CLASS	打开"类设计器",创建一个新类
CREATE CLASSLIB	创建新的可视类库
CREATE DATABASE	创建数据库
CREATE FROM	创建一个新表单
CREATE LABEL	启动"标签设计器"
CREATE MENU	打开"菜单设计器",创建菜单
CREATE PROJECT	启动"项目管理器",创建一个项目
CREATE QUERY	启动"查询设计器"
CREATE REPORT	启动"报表设计器",创建一个报表
CREATE SCREEN	打开"表单设计器"
CREATE TABLE - SQL	创建具有指定字段的表
CREATE VIEW	启动"视图设计器",创建视图
DEACTIVATE POPUP	撤销用 DEFINE POPUP 命令建立的弹出式菜单,并将其从屏幕上移开

（续表）

命　令	功　能
DEACTIVATE WINDOW	使用户自定义窗口失效，并将其从屏幕上移开，但不从内存中释放
DEBUG	启动 Visual FoxPro 调试器
DECLARE	创建数组
DEFINE BAR	在由 DEFINE POPUP 定义的菜单中定义菜单项
DEFINE BOX	在正文周围画一个框
DEFINE MENU	创建一个菜单栏
DEFINE PAD	为用户自定义菜单栏或系统菜单栏定义菜单标题
DEFINE WINDOW	创建一个窗口并确定其属性
DELETE	给指定记录做上删除标记，即逻辑删除
DELETE DATABASE	从磁盘上删除一个数据库
DELETE FILE	从磁盘上删除一个文件
DELETE TAG	删除复合索引文件中的索引标识
DELETE VIEW	从当前数据库中删除一个本地视图
DIMENSION	创建数组
DIR 或 DIRECTORY	显示磁盘目录的内容
DISPLAY	在 Visual FoxPro 主窗口显示当前表的记录信息
DISPLAY FILE	显示文件的信息
DISPLAY MEMORY	显示当前内存变量或数组的内容
DISPLAY STATUS	显示 Visual FoxPro 环境的状态
DISPLAY STRUCTURE	显示 .dbf 表文件的结构
DISPLAY TABLES	显示当前数据库中的所有表及其相关信息
DO	执行一个命令文件或过程
DO CASE…ENDCASE	执行第一个条件表达式为"真"(.T.)的命令
DO EVENTS	执行所有等待的 Windows 事件
DO FORM	运行或调用表单
DO WHILE…ENDDO	重复执行 DO WHILE 与 ENDDO 之间的语句块
DROP TABLE	把表从数据库中删除
EDIT	打开编辑窗口
EJECT	将一个换页符发送到打印机
ERASE	从磁盘上删除一个文件

（续表）

命 令	功 能
EXIT	退出 DO WHILE,FOR 或 SCAN 循环
FIND	搜索一个索引的表文件中符合条件的记录
FOR…ENDFOR	重复执行 FOR…ENDFOR 之间的语句序列
FUNCTION	定义一个用户自定义函数
GATHER	将内存变量或数组元素的内容存到当前表文件的当前记录中
GO	移动记录指针到指定的记录号
GOTO	移动记录到指定的记录号
HELP	启动帮助窗口
HIDE MENU	隐藏一个或多个用户自定义的菜单栏
IF…ENDIF	根据逻辑表达式的值有选择的执行 IF…ENDIF 之间的语句序列
INDEX	按某个顺序对记录排序,创建一个索引文件
INPUT	从磁盘输入数据给对应的内存变量
INSERT	插入新记录
KEYBOARD	把指定字符表达式放到键盘缓冲区中
LABEL	根据表文件和一个标签定义,输出标签
LIST	在 Visual FoxPro 主窗口显示表的内容
LOCATE	在当前表中顺序查找与给定表达式相匹配的第一条记录
MODIFY COMMAND	打开一个程序编辑窗口,建立或修改一个程序文件
MODIFY DATABASE	打开"数据库设计器",修改当前数据库
MODIFY FILE	打开一个文本编辑窗口,建立或修改一个文本文件
MODIFY FORM	打开"表单设计器",建立或修改表单
MODIFY LABEL	建立或修改标签
MODIFY MEMO	打开一个编辑窗口,以便编辑备注型字段
MODIFY PROJECT	修改或建立一个项目
MODIFY QUERY	修改或建立一个查询
MODIFY REPORT	建立或编辑一个报表,并将它存入报表定义文件
MODIFY SCREEN	打开"表单设计器",建立或修改表单
MODIFY STRUCTURE	修改当前 .dbf 表文件结构

（续表）

命　令	功　能
MODIFY WINDOW	修改一个已定义的窗口
MODIFY POPUP	把菜单移到一个已定义的窗口
MODIFY WINDOW	修改一个已定义的窗口
NOTE	同"＊"功能
ON BAR	指定要激活的菜单或菜单栏
ON ERROR	指定错误出现时要执行的命令
ON ESCAPE	程序和命令执行期间，指定按下 Esc 键时执行的命令
ON KEY	指定程序执行期间按任意键时执行的命令
OPEN DATABASE	打开一个数据库
PACK	将所有作了删除标记的记录真正地删除
PARAMETERS	将主调程序传来的数据赋给私有变量
PROCEDURE	在一个程序文件中标出一个过程的开始，并定义一个过程
PUBLIC	定义全局内存变量
QUIT	退出 Visual FoxPro，返回到 Windows 环境
RECALL	去掉记录的删除标记
REINDEX	重建当前已打开的索引文件
RELEASE	从内存中释放内存变量或表单
RELEASE BAR	从内存中释放指定菜单项或所有菜单项
RELEASE MENUS	从内存中释放所有用户自定义菜单项
RELEASE POPUPS	从内存中释放指定的菜单或所有菜单
RELEASE WINDOWS	从内存中释放窗口
RENAME	给文件改名
REPLACE	替换记录内容
REPORT FORM	显示或打印报表
RESTORE FROM	从一个内存变量文件备注型字段中恢复内存变量的内容
RESTORE WINDOW	把窗口定义恢复到内存
RESUME	继续执行被挂起的程序
RETRY	将控制权返回主调程序，并重新执行上一次发出的命令

（续表）

命　令	功　能
RETURN	将控制权返回调用程序
RUN	运行一个外部命令或应用程序
SAVE TO	将内存变量存入一个内存变量文件或一个备注型字段中
SCAN…ENDSCAN	用记录指计遍历当前数据库表文件，并对符合指定条件的每一条记录执行 SCAN…ENDSCAN 之间的命令
SCATTER	将当前记录数据复制到数组或内存变量中
SEEK	在当前已索引的表文件中寻找与表达式相匹配的第一条记录，若找到，则将记录指针移到该记录上
SELECT	激活指定的工作区
SET	打开数据会话窗口
SET ALTERNATE ON|OFF	将?、??、DISPLAY 或 LIST 命令创建的屏幕或打印输出定向到一个文本文件中
SETBELL	打开或关闭计算机的铃声属性
SET BLINK	设置屏幕的闪烁或高亮度属性
SET BLOCKSIZE	指定 Visual FoxPro 如何为保存备注型字段分配空间
SET CENTURY ON|OFF	确定是否显示日期表达式的世纪部分
SET CLOCK ON|OFF	确定是否显示系统时钟
SET COLOR TO	指定用户自定义系统和窗口的颜色
SET CURRENCY TO	定义货币符号
SET DATE	设置日期型和日期时间型表达式显示时的格式
SET DECIMALS TO	显示数值表达式时，指定小数位数
SET DEFAULT TO	指定缺省驱动器和目录
SET DELETED ON|OFF	是否处理带有删除标记的记录
SET DISPLAY	在支持多种显示模式的监视器上改变当前显示模式
SET ECHO ON|OFF	打开程序调试器及跟踪窗口
SET EXACT ON|OFF	指定是否精确查找或模糊查找
SET FIELDS ON|OFF	指定可以存取表中的哪些字段
SET FILTER TO	指定访问当前表中记录时必须满足的条件
SET INDEX TO	打开索引文件
SET LIBRARY	打开外部库文件
SET LOCK ON|OFF	允许或禁止某些命令中自动锁定文件

（续表）

命　令	功　能
SET MARK	为菜单标题或菜单项显示或清除或指定一个标记字符
SET MARGIN TO	设置打印机的左边距，并对所有定向到打印机的输出结果都起作用
SET MEMOWIDTH TO	指定备注型字段和字符表达式的显示宽度
SET MESSAGE	定义一条提示信息，显示 Visual FoxPro 状态条
SET NEAR ON|OFF	当 FIND 或 SEEK 命令查找不成功时，确定记录指针的停留位置
SET NOTIFY	允许或禁止某些系统信息显示
SET ODOWETER TO	为处理记录的命令设置计数器的报告间隔
SET OPTIMIZE	允许或禁止 Rushmore 优化
SET ORDER TO	指定当前数据表文件的控制索引文件或标识
SET PALETTE	设置是否使用 Visual FoxPro 的调色板
SET PATH TO	指定文件搜索路径
SET PDSETUP TO	装入打印机驱动程序的设置或清除当前打印机驱动程序设置
SET POINT TO	确定在显示数值或货币型表达式时使用的小数点字符
SET PRINTER	指定输出到打印机
SET PROCEDURE TO	打开一个过程文件
SET REFRESH TO	如果其他用户对有关记录进行了修改，确定是否要更新记录
SET RELATION	建立两个已打开表文件之间的关联
SET RELATION OFF	解除当前表文件与相关表文件的关联
SET REPROCESS TO	指定文件锁定或记录锁定不成功后，再次尝试锁定的次数和间隔时间
SET RESOURCE	指定或更新一个资源文件
SET SAFETY ON|OFF	指定在覆盖一个已存在文件之前是否要先显示一条警告信息
SET SEPARATOR	指定在小数点左边每三位一组用什么分隔符将数字分隔
SET SKIP	在表文件间建立一对多的关联
SET SKIP OF	设置一个用户定义菜单或 Visual FoxPro 系统菜单能否使用菜单、菜单栏、菜单标题是否可用

（续表）

命　令	功　能
SET SPACE ON|OFF	设置当前使用? 或?? 命令时，字段或表达式之间是否要显示空格
SET STATUS	显示或清除 Windows 型的状态条
SET STATUS BAR ON|OFF	显示或清除图形状态栏
SET STEP	打开 TRACE 跟踪窗口，并中断程序执行进行调试
SET SYSMENU ON|OFF	允许或禁止在执行程序期间对 Visual FoxPro 系统文件的访问
SET TALK	确定 Visual FoxPro 是否显示命令的处理信息
SET TOPIC	指定调用 Visual FoxPro 帮助系统时将首先显示的帮助标题
SET TYPEAHEAD	指定键盘缓冲区可存放字符的最大数
SET UNIQUE ON|OFF	指定相同索引键值的记录是否被保存在索引文件中
SET VIEW ON|OFF	打开或关闭数据工作期窗口，或从一个视图文件中恢复 Visual FoxPro 环境
SET WINDOW OF MEMO	指定编辑备注型字段的窗口
SHOW MEMU	显示一个菜单而不激活该菜单
SHOW POPUP	显示一个弹出式菜单而不激活
SHOW WINDOW	显示一个窗口但不激活它
SIZE POPUP	改变一个用户自定义弹出式菜单的大小
SIZE WINDOW	改变用户自定义窗口或 Visual FoxPro 系统窗口的大小
SKIP	将记录指针向前或向后移动
SORT	对当前表文件的记录排序，并将排序后的数据输出到一个新表中
STORE	将数据存入内存变量或数组
SUM	对当前表文件中所有的或指定的数值型字段求和
SUSPEND	暂停一个程序的执行，将其挂起，返回到交互式 Visual FoxPro 环境
TEXT…ENDTEXT	输出 TEXT…ENDTEXT 语句之间的文本块
TOTAL	计算当前表中数值字段的总和
TYPE	显示一个 ASCII 码文件的内容

（续表）

命　令	功　能
UNLOCK	解除一个或多个记录锁定或文件锁定，或者从打开的表文件中释放所有记录和文件锁定
UPDATE	用另一个工作区已打开的表文件的数据更新当前表文件的数据
USE	打开或关闭一个表文件以及相关的索引文件
WAIT	暂停 Visual FoxPro，直至按下任意键或鼠标按钮
ZAP	物理删除一个表文件中的所有记录
ZOOM WINDOW	改变窗口的大小及位置

附录二　Visual FoxPro 的常用函数

函　数	功　能
ABS( )	返回数值型表达式的绝对值
ACOPY( )	将一个数组的数值元素拷贝到另一个数组中
ADEL( )	从一维数组中删除一行或从一个二维数组中删除一行或一列
AELEMENT( )	返回指定行和列下标的数组元素号
AFIELDS( )	将表文件结构信息放到数组中
AFONT( )	将有关可用字体的信息存入一个数组中
ALEN( )	返回一个数组中的行数、列数或元素
ALIAS( )	返回当前或指定工作区的别名
ALLTRIM( )	删除字符串的前后空格
ASC( )	返回一个字符串中首字符的 ASCII 码
ASCAN( )	在数组中查找一个表达式
ASIN( )	返回指定数值表达式的反正弦值
ASORT( )	按升序或降序对一个数组中的元素排序
ASUBSCRIPT( )	从一个数组的数组元素号返回其行或列的下标
AT( )	返回一个字符表达式在另一个表达式的位置
ATC( )	功能同 AT( )，但不分大小写
AVERAGE( )	计算数值型表达式或字段的算术平均值
BETWEEN( )	确定一个表达式的值是否在另两个相同数据类型的表达式的值之间
BOF( )	如果记录指针指向表文件的开头位置，则返回逻辑值"真"(.T.)
CANDIDATE( )	判断索引标识是否为候选索引
CDOW( )	返回给定日期表达式的英文星期几
CDX( )	返回复合索引文件名
CHR( )	返回指定 ASCII 码所对应的字符
CMONTH( )	返回指定日期的的英文月份值
COL( )	返回光标所在位置的列数
CTOD( )	将字符型日期转换成日期型日期

（续表）

函　数	功　能
DATE( )	返回当前系统日期
DAY( )	返回给定日期算出的日期数
DBF( )	返回在当前工作区或指定工作区中打开的表文件名
DMY( )	返回一个以日、月、年格式表示的日期表达式
DOW( )	返回根据给定日期算出的数值型星期值，即用数值来表示哪一天是星期几
DTOC( )	将日期型日期转换成字符型形式的日期
DTOR( )	根据度数返回弧度
DTOS( )	以 yyyymmdd 格式返回字符串日期
EMPTY( )	确定一个表达式是否为空
EOF( )	判断记录指针是否指向表文件的尾部，是则返回逻辑值"真"(.T.)
ERROR( )	返回在 ON ERROR 中引起的错误信息代码
EVALUATE( )	计算字符表达值并返回结果
EXP( )	计算指数值
FCOUNT( )	返回当前的或指定表文件的字段数
FEOF( )	判断文件指针是否指向文件尾部
FIELD( )	返回当前或指定表文件中对应字段号的字段名
FILE( )	如果可在磁盘上找到指定文件则返回逻辑值"真"(.T.)
FLOCK( )	试图锁住一个表文件，如果成功则返回逻辑值"真"(.T.)
FOUND( )	如果最近一次使用查找命令查找成功，则返回逻辑值"真"(.T.)
FSIZE( )	返回指定字段大小的字节数
GATHER( )	将内存变量或数组元素的内容存到当前表文件的当前记录中
GETDIR( )	显示选择目录对话框
GETFILE( )	显示"打开"对话框，并返回所选文件名
GETFONT( )	显示"字体"对话框，并返回所选字体名
GOMONTH( )	返回在给定日期之前或之后指定月数的日期
IIF( )	根据逻辑表达式的取值返回真假两个表达式值之一

函　　数	功　　能
INKEY( )	返回所按键的 ASCII 码
INLIST( )	确定一个表达式是否与同组的多个表达式中的某一个相匹配
INT( )	返回数值表达式的整数部分
ISALPHA( )	如果指定字符表达式最左边的字符是一个字母,则返回逻辑值"真"(.T.)
ISLOWER( )	判断指定字符表达式最左边的字符是否是小写字母,若是则返回逻辑值"真"(.T.)
ISUPPER( )	判断指定字符表达式最左边的字符是否是大写字母,若是则返回逻辑值"真"(.T.)
KEY( )	返回控制索引文件的关键索引表达式
LEFT( )	返回字符串从最左边字符开始的指定数目的字符
LEN( )	计算字符表达式中字符的个数
LIKE( )	确定一个可以含有通配符的字符表达式是否同另一个字符型表达式相匹配
LOCK( )	试图锁住当前或指定表文件中的一个或多个记录,如果成功则返回逻辑值"真"
LOG( )	返回指定数值表达式的自然对数值
LOG10( )	返回指定数值表达式的常用对数值
LOOKUP( )	搜索表中匹配的第一条记录,如找到则记录指针移至这一记录,并返回该记录中指定字段的值
LOWER( )	把字符串中的字符转换为小写字母形式返回
LTRIM( )	去掉字符表达式首部空格
LUPDATE( )	返回最后一次修改表文件的日期
MAX( )	求最大值
MCOL( )	返回光标在窗口的列位置
MDOWN( )	判断是否按下了鼠标左键
MDX( )	返回打开的复合索引文件
MEMORY( )	返回可用内存空间
MESSAGE( )	返回当前错误信息
MESSAGEBOX( )	显示自定义对话框,并将信息显示在窗口
MIN( )	求多个表达式的最小值

（续表）

函　　数	功　　能
MLINE( )	以字符串形式返回一个备注型字段中指定的那一行
MOD( )	返回两个数整除的余数
MONTH( )	返回给定日期的数值月份
MROW( )	返回光标在屏幕或一个窗口中的行位置
MWINDOW( )	指出光标位于哪一个窗口
NDX( )	返回表中打开的表索引文件名
ORDER( )	返回当前指定表文件的主索引文件名或标识
PAD( )	返回菜单标题
PARAMETERS( )	返回调用程序时传递的参数个数
PCOL( )	返回打印机输出的当前列位置
PRINTSTATUS( )	如果打印机状态已准备好，则返回逻辑值"真"(.T.)，否则返回逻辑值"假"(.F.)
PROGRAM( )	返回最近刚执行或执行过程中出错的程序的名称
PROMPT( )	返回在活动菜单条或弹出式菜单中所选的选择项
PROW( )	返回打印输出的当前行位置
PUTFILE( )	打开"另存为"对话框，并返回所指定的文件名
RAND( )	返回一个随机数，其值介于 0 和 1 之间
RDLEVEL( )	返回当前 READ 的嵌套数
READKEY( )	返回退出某一个编辑命令按键的对应值
RECCOUNT( )	返回一个表文件中的记录总数
RECNO( )	返回当前记录号
RECSIZE( )	返回 .dbf 表文件的记录长度
RELATION( )	返回关联表达式
REPLICATE( )	重复指定次数之后形成的字符表达式
RIGHT( )	返回字符串中从最右边字符开始算起指定数目的字符
RLOCK( )	试图锁住当前指定数据表文件中的一条或多条记录，如果成功返回逻辑值"真"(.T.)
ROUND( )	对数值表达式进行四舍五入运算
ROW( )	返回光标在窗口的当前行位置
RTOD( )	将弧度转化为角度
RTRIM( )	去掉指定字符表达式尾部的空格

（续表）

函　　数	功　　能
SCEHEME( )	从一个彩色模式中返回一个颜色对列表
SCOLS( )	返回显示屏幕上可用的列数
SECONDS( )	返回以秒、千分之一秒格式表示的从 00：00：00 开始已经过去的秒数
SEEK( )	按索引表达式快速查找记录
SELECT( )	返回工作区号
SIGN( )	在数值表达式值为负数时返回 −1，为正数时返回 1，为零时返回 0
SIN( )	返回指定角度的正弦值
SQRT( )	计算指定数值表达式的平方根
SPACE( )	返回一个指定数目空格组成的字符串
SROWS( )	返回屏幕可用的行数
STR( )	把一个数值表达式转化为字符表达式
STUFF( )	在字符串的任何部分插入或删除字符串
SUBSTR( )	返回给定字符表达式或备注型字段中指定数目的字符串；SYS(O)返回网络机器数信息
SYSMETRIC( )	返回一个窗口类型显示元素大小
TAG( )	返回 .cdx 复合索引文件标识名，或返回 .idx 单项索引文件名
TAN( )	返回指定角度的正切值
TARGET( )	返回被关联表文件的别名
TIME( )	返回当前系统的时间
TRANSFORM( )	利用 PICTURE 和 FUNCTION 代码格式化一个字符或数值表达式
TRIM( )	删除字符串尾部空格
TXTWIDTH( )	返回字符表达式的长度
TYPE( )	返回表达式的数据类型
UPPER( )	将字符串由小写转换成大写
USED( )	判断别名是否已用或表是否已被打开
VAL( )	将字符串转换成数值型数据
VARREAD( )	返回当前正在编辑的字段或变量的名称
VERSION( )	返回 Visual FoxPro 的版本号

（续表）

函　　数	功　　能
WBORDER( )	如果一个窗口有边框则返回逻辑值"真"(.T.)
WCOLS( )	返回一个窗口的列数
WEXIST( )	如果指定的窗口已存在则返回逻辑值"真"(.T.)
WFONT( )	返回当前字体的名称、大小及类型
WLAST( )	返回当前活动窗口的前一活动窗口名
WLCOL( )	返回当前或指定窗口的左上角的列坐标
WLROW( )	返回当前或指定窗口的左上角的行坐标
WMAXIMUM( )	如果指定窗口已最大，则返回逻辑值"真"(.T.)
WMINIMUM( )	如果指定窗口已最小，则返回逻辑值"真"(.T.)
WONTOP( )	确认当前窗口或指定窗口是否在其他激活窗口前面
WOUTPUT( )	确认是否输出当前窗口或指定窗口
WROWS( )	返回当前指定窗口的行数
WTITLE( )	返回当前或指定窗口的标题
WVISIBLE( )	若指定窗口未被隐藏，则返回逻辑值"真"(.T.)
YEAR( )	返回日期型表达式的年份

附录三　Visual FoxPro 的控件类名称与功能

控件类名称	功　能
标签(Label)	创建一个标签对象,用于保存不希望用户改动的文本,如复选框上面或图形下面的标题
文本框(TextBox)	创建用于单行数据输入的文本框对象,用户可以在其中输入或更改单行文本
编辑框(EidtBox)	创建用于多行数据输入的编辑框对象,用户可以在其中输入或更改多行文本
命令按钮(CommandButton)	创建命令按钮对象,用于执行命令
命令按钮组(CommandGroup)	创建命令按钮组对象,用于把相关的命令编成组
选项按钮(OptionButton)	创建选项按钮对象
选项按钮组(OptionGroup)	创建选项按钮组对象,用于显示多个选项,用户只能从中选择一项
复选框(CheckBox)	创建复选框对象,允许用户选择开关状态,或显示多个选项,用户可选择多项
组合框(ComboBox)	创建组合框或下拉列表框对象,用户可以从列表项中选择一项或人工输入一个值
列表框(ListBox)	创建列表框对象,用于显示供用户选择的列表项;当列表项很多不能同时显示时,列表可以滚动
微调(Spinner)	创建微调对象,用于接收给定范围之内的数值输入
表格(Grid)	创建表格对象,用于在电子表格样式的表格中显示数据
图像(Image)	创建图像对象,在表单上显示图像
计时器(Timer)	创建计时器对象,以设定的时间间隔捕捉计时器事件,此控件在运行时不可见
页框(PageFrame)	创建页框对象,显示多个页面
ActiveX(OLEControl)	创建 OLE 容器对象,向应用程序中添加 OLE 对象
ActiveX 绑定型(OLEBoundControl)	创建 OLE 绑定型对象,可用于向应用程序中添加 OLE 对象,与 OLE 容器控件不同的是,OLE 绑定型控件绑定在一个通用型字段上
线条(Line)	创建线条对象,设计时用于在表单上画出各种类型的线条
形状(Shape)	创建形状对象,设计时用于在表单上画各种类型的形状,可以画矩形、圆角矩形、正方形、圆角正方形、椭圆或圆

附录四　Visual FoxPro 的对象类名称与功能

对象类名称	功　能
应用程序（Application）	远程启动或操纵 Visual FoxPro 实例
列（Column）	在网格中创建一列，包含表中的字段数据或表达式值
容器（Container）	创建可以包含其他对象、并允许访问被包含对象的容器对象
控件（Control）	创建可以包含其他受保护对象的控件对象
临时表（Cursor）	创建游标对象。把表或视图添加到表单、表单集或报表的数据环境时创建该对象，在运行表单、表单集或报表时，可借助临时表指定或确定表或视图的属性
自定义（Custom）	创建订制的、用户自定义的对象
数据环境（DataEnvironment）	在创建表单、表单集或者报表时，创建数据环境对象
表单（Form）	创建可向其中添加对象的表单
表单集（FormSet）	创建表单集
表头（Header）	为网格中的列创建一个标题，并可以响应事件
对象集（ObjectsCollection）	确定 Application 对象中的当前对象
页面（Page）	在页框中创建一页
关系（Relation）	在建立表单、表单集或者报表数据环境时，建立表间关联
分隔符（Separator）	在工具栏的控件之间插入空格字符的 Separator 对象
对象引用（This）	在事件代码或类定义中提供当前对象的引用
对象引用（ThisForm）	在表单事件代码或类定义中提供对当前表单的引用
对象引用（ThisFormSet）	在事件代码或类定义中提供对当前表单集的引用
工具栏（ToolBar）	创建一个工具栏

附录五　Visual FoxPro 的属性名称与功能

属性名称	功　能
ActiveColumn	返回表格控件中包含活动单元的列
ActiveControl	引用对象上的活动控件
ActiveForm	引用表单集中或 SCREEN 对象中活动的表单对象
ActivePage	返回页框对象中活动页面的页码
ActiveRow	指定表格控件中包含活动单元的行
Alias	指定与临时对象相关的每个表或视图的别名
Align	指定表单中 ActiveX 控件的对齐方式
Alignment	指定与控件有关的文本对齐方式
AllowAddNew	指定是否从表格中添加新记录到表中
AllowHeaderSizing	指定表格标头的高度是否可以在运行时更改
AllowRowSizing	指定表格中记录的高度是否可以在运行时更改
AllowTabs	指定编辑控件是否允许使用制表符选项卡
AlwaysOnTop	避免其他窗口覆盖住表单窗口
Application	用于引用 Application 对象
AutoActivate	指定如何激活 OLE 容器控件
AutoCenter	指定表单对象第一次显示于 Visual FoxPro 主窗口时，是否自动居中放置
AutoCloseTables	指定由数据环境指定的表或视图是否在表单集、表单或报表释放时关闭
AutoOpenTables	决定是否自动加载与表单集、表单或报表的数据环境相关联的表或视图
AutoRelease	指定表单集中最后一个表单释放后是否释放表单集
AutoSize	指定控件是否依据其内容自动调节大小
AutoVerbMenu	指定是否显示包含 OLE 对象动词的快捷菜单
AutoYield	指定在用户程序代码的每行执行之间，Visual FoxPro 实例是否处理待处理的 Windows 事件
BackColor,ForeColor	指定用于显示对象中文本和图形的背景色或前景色
BackStyle	指定一个对象的背景是否透明
BaseClass	指定 Visual FoxPro 基类名。被引用对象基于该基类

（续表）

属性名称	功　能
BorderColor	指定对象的边框颜色
BorderStyle	指定对象的边框样式
BorderWidth	指定一个控件的边框宽度
Bound	确定一个列对象里的控件是否与列的控件源绑定
BoundColumn	对于一个多列的列表框或组合框，确定哪一列与该控件的 Value 属性绑定
BoundTo	指定列表框或组合框的 Value 属性是否由 List 或 ListIndex 属性确定
BufferMode	指定保守式更新还是开放式更新记录
BufferModeOverride	指定是否改写表单级或表单集级的 BufferMode 属性设置
ButtonCount	指定命令组或选项组中的按钮数
Buttons	访问一个控件组中每个按钮的数组
Cancel	指定一个命令按钮或 OLE 容器控制是否为"取消"按钮
Caption	指定在对象标题中显示的文本
Century	指定是否在文本框中显示日期的世纪部分
ChildAlias	指定子表的别名
ChildOrder	为表格控件或关系对象的记录源指定索引标识
Class	返回一个对象所基于的类的名称
ClassLibrary	指定用户自定义类库的名称，此类库中包含对象所基于的类
ClipControls	确定 Paint 事件中的图形方法是重画整个对象还是只重画新露出的区域，也确定 Windows 操作环境是否创建一个剪裁区域来除去对象中的非图形控制
Closable	指定能否由双击控件菜单框或从控制菜单中选择"关闭"项关闭表单
ColorScheme	指定控件使用的配色方案
ColorSource	确定如何设置控件的颜色
ColumnCount	指定表格、组合框或列表框控件中列对象的数目
ColumnLines	显示或隐藏列之间的线条
ColumnOrder	指定表格控件中列对象的相对顺序

（续表）

属性名称	功　能
Columns	通过列编号访问表格控件中单个列对象的数组
ColumnWidths	指定组合框或列表框控件的列宽
Comment	存储有关对象的信息
ControlBox	指定运行时在表单或工具栏的左上角是否显示控件菜单框
ControlCount	指定容器对象中控件的数目
Controls	访问容器对象中控件的数组
ControlSource	指定与对象绑定的数据源
CurrentControl	指定列对象中的哪一个控件用来显示活动单元的值
CurrentX	指定供下一绘图方法使用的横坐标(X)
CurrentY	指定供下一绘图方法使用的纵坐标(Y)
CursorSource	指定与临时表对象相关的表或视图名
Curvature	指定形状控件的弯角曲率
Database	指定数据库的路径,该数据库包含与临时表对象相关联的表或视图
DataSession	指定一个表单、表单集或工具栏能否在自身的数据工作期中运行,能否具有独立的数据环境
DataSessionID	返回数据工作期 ID 标识号,来标识表单集、表单或工具栏的私有数据工作期
DateFormat	指定显示在文本框中日期型和日期时间型的数值的格式
DateMark	指定显示在文本框中日期型和日期时间型的数值的定界符
Default	若活动表单上有两个或更多命令按钮,在按下 Enter 键时,指定哪个命令按钮或 OLE 容器控件做响应
DefaultFilePath	指定由 Application 对象使用的缺省驱动器和目录
DeleteMark	指定在表格控件中是否出现删除标记列
Desktop	指定表单是否放在 Visual FoxPro 主窗口中
DisabledBackColor	为一个废止的控件指定背景色
DisabledForeCoIor	为一个废止的控件指定前景色
DisabledItemBackColor	为列表框或组合框中的不可用项指定背景色
DisabledItemForeColor	为列表框或组合框中的不可用项指定前景色

（续表）

属性名称	功　能
DisabledPicture	指定当废止控件时要显示的图形
DisplayValue	指定在一个列表框或组合框中选定项的第一列的内容
Docked	包含一个逻辑值，表明是否停放用户自定义的工具栏对象
DockPosition	指定用户自定义工具栏对象停放的位置
DocumentFile	返回文件名，由该文件创建一个嵌入或连接的对象
DownPicture	指定选择控件时显示的图形
DragIcon	指定在拖放操作时作为指针显示的图标
DragMode	指定拖放操作的拖动方式为人工或自动
DrawMode	与颜色属性一起确定如何在屏幕上显示形状或线条控制
DrawStyle	指定用图形方法绘图时的线条样式
DrawWidth	指定图形方法输出时所用的线条宽度
DynamicAlignment	指定列对象中文本和控件的对齐方式。运行期间每次刷新表格控件时，都重新计算对齐方式
DynamicBackColor	指定列对象的背景色。运行期间每次刷新表格控件时，都重新计算颜色值
DynamicForeColor	指定列对象的前景色。运行期间每次刷新表格控件时，都重新计算颜色值
DynaminCurrentControl	指定用包含在列对象中的哪个控制来显示活动单元的值。每次刷新表格控件时都重新计算控件名称
DynamicFontBold DynamicFontItalic DynamicFontStrikethru DynamicFontUnderline	指定显示在列对象中的文本具有下列一种或多种字形：粗体、斜体、删除线或下划线。每次刷新表格控件时，都要重新计算此逻辑表达式
DynamicFontName	指定列对象中显示文本所用的字体名。每次刷新表格控件时，都重新计算此逻辑表达式
DynamicFontOutline	指定与列对象相关的文本是否以轮廓方式显示。运行期间每次刷新表格控件时，都要重新计算此逻辑表达式
DynamicFontShadow	指定与列对象相关的文本是否带有阴影。运行期间每次刷新表格控件时，都要重新计算此逻辑表达式

（续表）

属性名称	功　能
DynamicFontSize	指定列对象中显示文本的字体大小。运行期间每次刷新表格时，都要重新计算字体大小
DynamicInputMask	用于确定如何在 Column 对象中显示和输入数据
Enabled	指定对象能否响应用户引发的事件
Exclusive	指定是否以独占方式打开某个与临时表对象相关联的表
FillColor	指定图形例程在对象上所画图形的填充颜色
FillStyle	指定图案，用来填充圆和方框图形方法创建的形状和图形
Filter	排除不满足条件的记录。筛选条件由给定表达式指定
FirstElement	指定在组合框或列表控件内所显示的数组的第一个元素
FontBold	指定文本是否具有粗体效果
FontItalic	指定文本是否具有斜体效果
FontStrikethru	指定文本是否具有删除线效果
FontUnderline	指定文本是否具有下划线效果
FontCondense	指定文本是否具有压缩效果
FontExtend	指定文本是否具有扩展效果
FontName	指定显示文本的字体名
FontOutline	指定与某个控件相关的文本是否加上轮廓
FontShadow	指定与某个控件相关的文本是否加上阴影
FontSize	指定对象文本的字体大小
Format	指定某个控件的 Value 属性的输入和输出格式
FormCount	存放表单集中的表单对象的数目
Forms	访问表单集中单个表单对象的数组
FullName	用于确定启动 Visual FoxPro 实例的目录和文件名
GridLineColor	指定表格控件中分隔各单元的网格线的颜色
GridLines	指定在表格控件中是否显示水平线和垂直线
GridLineWidth	以像素为单位，指定表格控件中分隔单元的网格线宽度
HalfHeightCaption	指定表单标题高度是否为正常高度的一半
HeaderHeight	指定表格控件中列标头的高度

（续表）

属性名称	功　能
Height	指定对象在屏幕上的高度
HelpContextID	为帮助文件的一个主题指定上下文标识，以便提供上下文相关帮助
HideSelection	指定当控件失去焦点时，选定文本是否以选定状态显示
Highlight	指定表格控件中具有焦点的单元是否以选定状态显示
HighlightRow	指定表格控件中当前行和单元是否以高亮显示
Hours	指定日期时间型数据的小时部分是按 12 小时还是 24 小时格式显示
Hostname	返回或设置 Visual FoxPro 应用程序的用户主机名
Icon	指定最小化表单时显示的图标
Increment	单击向上箭头或向下箭头时，微调控件中数值增加或减小的量
IncrementalSearch	指定控件是否支持对键盘操作的递增搜索
InitialSelectedAlias	在加载数据环境时，指定一个与临时表对象相关联的别名作为当前别名
InputMask	指定控件中数据的输入格式和显示方式
IntegralHeight	指定 EditBox 或 ListBox 控件的高度是否自动调整
Interval	指定计时器控件的 Timer 事件之间的时间间隔毫秒数
IMEMode	指定单个控件 IME 窗口设置
ItemBackColor	在组合框或列表框控件中，指定显示数据项文本的背景色
ItemForeColor	在组合框或列表框控件中，指定显示数据项文本的前景色
ItemData	使用索引引用一维数组，它包含的数据项数目与组合框或列表框控件中 List 属性的设置相等
ItemIDData	使用唯一的标识编号来引用一维数组，它包含的数据项数目与组合框或列表框控件中 List 属性的设置相等
ItemTips	指定是否显示组合框或列表框中项的提示信息
KeyboardHighValue	指定可用键盘输入到微调控件文本框中的最大值

（续表）

属性名称	功　能
KeyboardLowValue	指定可用键盘输入到微调控件文本框中的最小值
KeyPreview	指定表单的 KeyPress 事件是否优先于控件的 KeyPress 事件
Left	指定对象的左边界（相对其父对象）。对于表单对象是与主窗口的左边的距离
LeftColumn	保存表格控件显示的最左列的编号
LineSlant	指定线条倾斜方向，是从左上到右下还是从左下到右上
LinkMaster	指定表格控件中的子表所连接的父表
List	用来访问组合框或列表框控件中各数据项的字符型数组
ListCount	存放组合框或列表框控件的列表中的项数
ListIndex	指定组合框或列表框中选定数据项的索引号
ListItem	此属性是一字符型数组，用于通过 ID 值访问组合框或列表框控件中的数据项
ListItemID	指定组合框或列表框控件中选定项的唯一标识号
LockScreen	确定表单是否以批处理方式执行对表单及所包含对象的属性设置的更改
Margin	为控件的文本部分指定应该留出的空白宽度
MaxButton	指定表单是否含有最大化按钮
MaxHeight	指定表单可能的最大高度
MaxLeft	指定表单与 Visual FoxPro 主窗口左侧边缘的最大可能距离
MaxLength	指定在编辑框中输入字符的最大长度
MaxTop	指定最大化表单与 Visual FoxPro 主窗口顶端边缘的最大距离
MaxWidth	指定表单的最大宽度
MDIForm	指定表单是否为 MDI 界面（多文档界面）
MemoWindow	指当文本框控制数据源为备注型字段时所用的用户自定义窗口名
MinButton	指定表单是否有最小化按钮
MinHeight	指定表单可被调整到的最小高度

（续表）

属性名称	功　　能
MinWidth	指定表单可被调整到的最小宽度
MouseIcon	当鼠标指针位于某个对象上时,指定要显示的鼠标指针的图标
MousePointer	指定鼠标在一个对象的特定位置上时,鼠标指针的形状
Movable	指定用户是否可以在运行时移动一个对象
MoverBars	指定用户是否可以在一个列表框控件中显示移动按钮
MultiSelect	指定用户是否可以在列表框控件中做多项选择,及如何选择
Name	指定在代码中引用对象时所用的名称
NewIndex	为最新添加在组合框或列表框控件中的项指定索引
NewItemID	为最新添加在组合框或列表框控件中的项指定标识
NoDataOnLoad	激活一个与临时表相关联的视图,但不下载数据
NullDisplay	指定显示为空值文本
NumberOfElements	指定用数组中的多少项填充组合框或列表框控件中的列表部分
Object	提供访问 OLE 对象属性和方法的能力
OLEClass	返回当前对象创建者所在的服务器的名称
OLELCID	指示 OLE 绑定控件或 OLE 容器控件的 Locate ID 的数值型数值
OLERequestPendingTimeout	返回或设置在自动请求挂起时,接收到鼠标或键盘输入而引发"部件请求挂起"对话框之前,所需延迟的毫秒数
OLEServerBusyRaiseError	指定自动化请求被拒绝时是否产生错误消息
OLEServerBusyTimeout	指定当服务器忙时自动化请求要重试多长时间
OLETypeAllowed	返回控件中所包含 OLE 对象的类型(嵌入或连接)
OneToMany	当在父表的记录上移动记录指针时,它是否应保持在同一父记录上,直至子表的记录指针移过所有与之相关的记录

（续表）

属性名称	功　能
OpenViews	确定要自动打开的与表单集、表单或报表数据环境有关的视图类型
OpenWindow	当局限于备注型字段的 TextBox 控件接收到焦点(Focus)时，确定是否自动打开窗口
Order	为临时表对象指定主索引标识
PageCount	指定一个页框控件中的页面数
PageHeight	指定页面的高度
PageOrder	指定页面在一个页框控件中的相对顺序
Pages	一个用于访问页框控件中各个页面的数组
PageWidth	指定页面的宽度
Panel	指定一个表格控件中的活动窗格
PanelLink	指定当拆分表格时，表格控件的左右窗格是否连接
ParentProperty	父对象引用，引用一个控件的容器对象
ParentAlias	指定父表的别名
ParentClass	返回对象所属类的基类
Partition	指定一个表格是否拆分为两个窗格，并指定相对表格左边的拆分位置
PasswordChar	决定用户输入字符或占位符是否显示在文本框控件中，并用作占位符的字符
Picture	指定需要在控件中显示的位图文件(.bmp)，图标文件(.ico)或通用型字段
ReadCycle	指定当焦点移出表单集中最后一个对象时，表单集的第一个对象是否接受焦点
ReadLock	包含此属性是为了提供与 READ 命令的向后兼容性
ReadMouse	指定在给定表单集的表单上是否可以用鼠标在控件之间移动
ReadObject	指定激活表单集时拥有焦点的对象
ReadOnly	指定用户是否可以编辑一个控件或更新与临时表对象相关联的表或视图
ReadSave	指定是否能用 READ 命令再次激活一个对象
ReadTimeout	指定在没有用户输入时，表单集保持为活动状态的时间长短

（续表）

属性名称	功　能
RecordMark	指定是否在表格控件中显示记录选择器一列
RecordSource	指定与表格控件相绑定的数据源
RecordSourceType	指定如何打开填充表格控件的数据源
RelationalExpr	指定一基于父表字段的表达式，该表达式与子表中联接父、子表的索引相关
RelativeColumn	指出在表格控件可见部分中的活动列
RelativeRow	指出在表格控件可见部分中的活动行
ReleaseType	返回一个整数，以此确定表单对象如何释放
Resizable	指定列对象的大小能否在运行时由用户调节
RightToLeft	指定按照从左到右的读取顺序显示文本
RowHeight	指定表格控件中行的高度
RowSource	指定组合框或列表框控件中值的来源
RowSourceType	指定控件中值的来源类型
ScaleMode	使用图形方法或定位控件时，指定对象坐标的度量单位
ScrollBars	指定控件所具有的滚动条类型
Seconds	确定是否在文本框中显示日期时间型数值的秒数部分
Selected	指定组合框或列表框中的一项是否被选中
SelectedBackColor	指定选定文本的背景色
SelectedForeColor	指定选定文本的前景色
SelectedID	指定组合框或列表框中的一项是否被选中
SelectedItemBackColor	指定组合框或列表框中选定项的背景色
SelectedItemForeColor	指定组合框或列表框中选定项的前景色
SelectOnEntry	指定当用户单击列单元或使用 Tab 键移到列单元时，是否选定单元中的内容
SelLength	返回用户在控件的文本区域中选择的字符数目，或指定要选定的字符数目
SelStart	返回用户在控件的文本区域中选择文本的起始点。当没有选定文本时，指示插入点的位置。它还可以指定控件的文本输入区域中选择的文本起始点
SelText	返回用户控件的文本区中选定的文本，如果没有选定任何文本，则返回空字符串（""），或指定包含选定文本的字符串

（续表）

属性名称	功　能
ShowTips	对于指定的表单对象或指定的工具栏对象,确定是否显示"工具提示"
ShowWindow	确定表单或工具栏是否为顶层表单或子表单
Sizable	指定对象的大小是否可以改变
SizeBox	确定表单是否有大小框
Sorted	在组合框和列表框中,指定列表部分的各项是否按字母顺序排序
Sparse	CurrentCointrol 属性是影响列对象中的全部单元,还是仅影响列对象中的活动单元
SpecialEffect	指定控件的不同样式选项
SpinnerHighValue	指定单击向上箭头和向下箭头时,微调控件所允许的最大值
SpinnerLowValue	指定单击向上箭头和向下箭头时,微调控件所允许的最小值
SplitBar	确定是否在表格控件中显示分割条
StartMode	指定 Visual FoxPro 如何启动数值型数值
StatusBar	指定显示在 Visual FoxPro 状态栏上的文本
StatusBarText	指定控件获得焦点时在状态栏上显示的文本
Stretch	在一个控件内部,指定如何调整一幅图像以适应控制大小
StrictDateEntry	确定是否在文本框中按特定的静态格式显示日期型和日期时间型数值
Style	指定控件的样式
TabIndex	指定页面上控件的 Tab 键次序,以及表单集中表单对象的 Tab 键次序
Tabs	指定页框控件中是否有选项卡
TabStop	指定用户是否可以使用 Tab 键把焦点移动到对象上
TabStretch	指定当选项卡在页框控件中容纳不下时页框的动作
TabStyle	指定页框的标签是否对齐
Tag	存储用户程序所需的任何其他数据
TerminateRead	此属性决定当单击控件时,是否使表单或表单集对象不活动

（续表）

属性名称	功　能
Text	包含输入到控件文本框部分的未格式化文本
ToolTipText	为一个控件指定作为"工具提示"出现的文本
Top	对于控件，相对其父对象最顶端的边缘所在位置；对于表单对象，确定表单顶端边缘与 Visual FoxPro 主窗口的距离
TopIndex	指定出现在列表最顶端位置的列表项
TopItemID	指定出现在列表最上部的数据项标识
Value	指定控件的当前状态
Version	按字符串返回 Visual FoxPro 实例的版本号
View	指定表格控件的查看方式
Visible	指定对象是可见还是隐藏
What'sThisButton	指定"What'sThis"按钮是否出现在表单标题栏中
Width	指定对象的宽度
WindowList	指定能够加入到当前表单对象的 READ 中的表单对象列表
WindowState	指定表单窗口在运行时是否可以最大化或最小化
WindowType	在执行 DO FORM 命令时，指定表单集或表单对象的动作
WordWrap	在调整 AutoSize 属性为"真"（.T.）的标签控件大小时，指定是否在垂直方向或水平方向放大该控件，以容纳 Caption 属性指定的文本
ZoomBox	指定表单是否有缩放框

附录六 Visual FoxPro 的事件名称与功能

事件名称	功　能
Activate	当 FormSet、Form 或 Page 对象变成活动的或 ToolBar 对象显示时，发生该事件
AfterCloseTables	表单、表单集或报表的数据环境中指定的表或视图释放时，将发生该事件
AfterDock	当 ToolBar 对象被 Docked 后，将发生该事件
AfterRowColChange	当用户移动 Grid 控件的另一行或列时，新单元获得焦点(Focus)且新行或列中对象的 When 事件发生后，将发生该事件。除非新行或列中对象的 When 事件返回"真"，否则该事件不会触发
BeforeDock	在 ToolBar 对象被 Docked 前，将发生该事件
BeforeOpenTables	在表单、表单集或报表的数据环境有关的表和视图刚打开之前，将发生该事件
BeforeRowColChange	当用户改变活动行或者列时，新单元获得焦点(Focus)前，将发生该事件；此外，网格列中当前对象的 Valid 事件发生前也将发生该事件
Click	鼠标指针指向控件时，如果用户按下并释放鼠标左键，或者改变某个控件的值，或者单击表单的空白区域时发生该事件；在程序中包含触发该事件的代码时也可发生该事件
DblClick	短时间内如果用户连续按下并释放两次鼠标左键(双击)，则产生该事件；此外，如果选择列表框或组合框中的项并按回车键，也将发生该事件
Deactivate	当容器对象(如表单等)由于所包含的对象没有一个有焦点而不再活动时，将发生该事件
Deleted	当用户给某一记录作删除标记、取消为删除而作的标记或者发出 Delete 命令时，将发生该事件
Destroy	释放对象时，将发生该事件
DoCmd	执行 Visual FoxPro 自动化服务器的一条 Visual FoxPro 命令时，将触发该事件
DownClick	单击控件的向下箭头时，将发生该事件
DragDrop	当拖放操作完成时，将发生该事件

（续表）

事件名称	功　　能
DragOver	当控件被拖到目标对象上时，将发生该事件
DropDown	单击下拉箭头后，ComboBox 控件的列表部分即将下拉时，将发生该事件
Error	当方法中有一个运行错误时将发生该事件
ErrorMessage	当 Valid 事件返回"假"（.F.）时，将发生该事件，并提供错误信息
GotFocus	无论是用户动作或通过程序使对象接收到焦点，都将发生该事件
Init	当创建对象时，将发生该事件
InteractiveChange	使用键盘或鼠标改变控件的值时，将发生该事件
KeyPress	当用户按下并释放一个键时，将发生该事件
Load	在创建对象之前发生该事件
LostFocus	当对象失去焦点时，将发生该事件
Message	Message 事件将在屏幕底部的状态栏中显示信息
MiddleClick	当用户用中间的鼠标键单击控件时，将发生该事件
MouseDown	当用户按下鼠标键时，将发生该事件
MouseMove	当用户移动鼠标到对象上时，将发生该事件
MouseUp	当用户释放鼠标键时，将发生该事件
MouseWheel	对于有鼠标球的鼠标，当用户旋转鼠标球时，将发生该事件
Moved	当对象移到新的位置或者在程序代码中改变容器对象的 Top 或 Left 属性设置值时，将发生该事件
Paint	当重新绘制表单或工具栏时，将发生该事件
ProgrammaticChange	程序代码中改变控件的值时，将发生该事件
QueryUnload	表单卸载前，将发生该事件
RangeHigh	当控件失去焦点时，对于 Spinner 或 TextBox 控件将发生该事件；当控件接收焦点时，对于 ComboBox 或 ListBox 控件将发生该事件
RangeLow	当控件接收焦点时，对于 Spinner 或 TextBox 控件将发生该事件；当控件失去焦点时，对于 ComboBox 或 ListBox 控件将发生该事件
ReadActivate	当表单集中的表单变为活动表单时，将发生该事件。支持对 READ 的向下兼容

（续表）

事件名称	功　能
ReadDeactivate	当表单集中的表单失去活动性时，将发生该事件
ReadShow	当在活动表单集中键入 SHOW GETS 命令时，将发生该事件
ReadValid	当表单集失去活动性时，将立刻发生该事件
ReadWhen	在加载表单集后，将发生该事件
Resize	当对象重新确定大小时，将发生该事件
RightClick	当用户在控件中按下并释放鼠标右键时，将发生该事件
Scrolled	在 Grid 控件中，当用户单击水平或垂直滚动框时，将发生该事件
Timer	当消耗完 Interval 属性指定的事件（毫秒）时，将发生该事件
UIEnable	无论何时只要页激活或失去活动性，对于所有页中包含的对象都将发生该事件
UnDock	当 ToolBar 对象从停放位置脱离时，将发生该事件
Unload	释放对象时，将发生该事件
UpClick	当用户单击控件的向上箭头时，将发生该事件
Valid	在控件失去焦点前，将发生该事件
When	在控件接收到焦点前，将发生该事件

附录七　Visual FoxPro 的方法名称与功能

方法名称	功　能
ActivateCell	激活 Grid 控件的某一单元
AddColumn	添加 Column 对象到 Grid 控件中
AddItem	添加新项到 ComboBox 或 ListBox 控件中,可以直接指定项的索引号
AddListItem	添加新项到 ComboBox 或 ListBox 控件中,可以直接指定项的标识号(ItemID)
AddObject	在运行时添加对象到容器对象中
Box	在表单中画一个矩形
Circle	在表单中画一个圆或椭圆
Clear	清除 ComboBox 或 ListBox 控件的内容
CloneObject	复制对象包括对象的所有属性、事件和方法
CloseTables	关闭与数据环境有关的表和视图
Cls	清除表单中的图形和文本
DataToClip	将记录集作为文本拷贝到剪贴板中
DeleteColumn	从 Grid 控件中删除 Column 对象
Dock	沿 Visual FoxPro 主窗口或桌面的边界将 ToolBar 对象停放
DoScroll	滚动 Grid 控件
DoVerb	执行指定对象上的动词(Verb)
Drag	开始、结束或中断一次拖放操作
Draw	重新绘制表单
Eval	计算表达式并将结果返回给 Visual FoxPro 自动化服务器
Help	打开帮助窗口
Hide	通过设置 Visible 属性为"假"(.F.)来隐藏表单、表单集或工具栏
IndexToItemID	返回给定项索引号的标识号
ItemIDToIndex	返回给定项标识号的索引号
Line	在表单中绘制线条
Move	移动对象
Point	返回表单中指定点的红绿蓝(RGB)颜色

（续表）

方法名称	功　能
Print	在表单中打印字符串
Pset	将表单或 VisualFoxPro 主窗口中的点设置为前景色
Quit	结束 Visual FoxPro
ReadExpression	返回属性窗口中输入的属性表达式的值
ReadMethod	返回指定方法的文本
Refresh	重新绘制表单或控件，并刷新所有值
Release	从内存中释放表单集或表单
RemoveItem	从 ComboBox 或 ListBox 控件中删除一项，可以直接指定项的索引号
RemoveListItem	从 ComboBox 或 ListBox 控件中删除一项，可以直接指定项的标识号（ItemID）
RemoveObject	从容器对象中删除指定的对象
Requery	重新查询 ListBox 或 ComboBox 控件的数据源
RequestData	在 Visual FoxPro 实例中，创建包含所打开表数据的数组
Reset	重新设置 Timer 控件，以便从 0 开始计数
SaveAs	将对象保存为 .scx 文件
SaveAsClass	将对象的实例作为类定义保存到类库中
SetAll	为容器对象中的所有控件或者某个控件类赋予属性设置值
SetFocus	为控件设置焦点
SetVar	为 Visual FoxPro 自动化服务器的实例创建变量并为变量存储值
Show	显示表单并确定该表单是模态的还是非模态的
Show What's This	显示由对象的 What's This Help 属性指定的帮助主题
TextHeight	返回文本串按当前字体显示时的高度
TextWidth	返回文本串按当前字体显示时的宽度
WhatsThisMode	显示 What's This Help 问号标记
WriteExpression	将表达式写到属性中
WriteMethod	将指定的文本写入指定的方法中
Z－order	在 Z－Order 图形层中将指定表单或控件放置到 Z－Order 的前面或后面

参考文献

[1] 刘德山,邹健. Visual FoxPro 6.0 数据库技术与应用(第2版). 北京:人民邮电出版社,2009.

[2] 刘建平. Visual FoxPro 程序设计. 北京:清华大学出版社,2009.

[3] 戴仕明. Visual FoxPro 程序设计(等级考试版). 北京:清华大学出版社,2009.

[4] 蔡庆华. Visual FoxPro 程序设计教程. 北京:清华大学出版社,2010.

[5] 任心燕. Visual FoxPro 基础教程. 北京:人民邮电出版社,2006.

[6] 刘丽,金晓龙. Visual FoxPro 程序设计实用教程. 北京:电子工业出版社,2009.

[7] 邹广慧. Visual FoxPro 实用教程. 北京:机械工业出版社,2011.

[8] 史济民. Visual FoxPro 及其应用系统开发(第二版). 北京:清华大学出版社,2007.

[9] 康萍,王晓奇,张天雨. Visual FoxPro 程序设计实用教程. 北京:中国经济出版社,2006.

[10] 张爱国,马仲也. Visual FoxPro 6.0 数据库与程序设计. 北京:中国水利水电出版社,2005.

[11] 张高亮. Visual FoxPro 程序设计. 北京:清华大学出版社,2010.

[12] 杨兴凯. Visual FoxPro 数据库与程序设计教程. 大连:大连理工大学出版社,2008.

[13] 赵淑芬. 二级 Visual FoxPro 数据库程序设计(全国计算机等级考试用书). 北京:清华大学出版社,2011.

[14] 萨师煊,王珊. 数据库系统概论(第三版). 北京:高等教育出版社,2000.

[15] 刘卫国. Visual FoxPro 程序设计教程. 北京:北京邮电大学出版社,2006.

[16] 王利. Visual FoxPro 程序设计. 北京:高等教育出版社,2008.

[17] 卢湘鸿. Visual FoxPro 6.0 程序设计基础. 北京:清华大学出版社,2003.

[18] 翁正科. Visual FoxPro 数据库开发教程. 北京:清华大学出版社,2003.

[19] 王焕杰,宫强. Visual FoxPro 程序设计案例教程. 北京:中国水利水电出版社,2009.

[20] 谭红杨. Visual FoxPro 数据库设计案例教程. 北京:北京大学出版社,2011.

[21] 崔巍. 数据库系统及应用(第二版). 北京:高等教育出版社,2003.

[22] 周察金. Visual FoxPro 案例教程. 北京:电子工业出版社,2006.